W. Dittmann · A. Geister · D. Kutzborski
Logische Phantasien
Herbert Grasemann und seine Schachaufgaben

Wolfgang Dittmann · Armin Geister · Dieter Kutzborski

Logische Phantasien

Herbert Grasemann und seine Schachaufgaben

Walter de Gruyter · Berlin · New York
1986

CIP-Kurztitelaufnahme der Deutschen Bibliothek

Dittmann, Wolfgang:
Logische Phantasien : Herbert Grasemann u. seine Schachaufgaben / Wolfgang Dittmann ; Armin Geister ; Dieter Kutzborski. – Berlin ; New York : de Gruyter, 1986.
ISBN 3-11-010415-6

NE: Geister, Armin:; Kutzborski, Dieter:

Satz und Druck: Arthur Collignon GmbH, Berlin. Bindearbeiten: Dieter Mikolai, Berlin.
Einbandzeichnung: Susanne Geister. Printed in Germany.

Inhalt

Vorwort

Durch den Tod Herbert Grasemanns am 21. Juni 1983 verloren die Freunde des Problemschachs eine ihrer bedeutendsten Persönlichkeiten. Seine starke Ausstrahlung rührt von dem erfolgreichen Bestreben her, theoretische, kompositorische, schriftstellerische und pädagogische Fähigkeiten zu vereinen. Auf allen diesen Gebieten war er richtungweisend. Mit seinem vielseitigen Wirken verhalf er dem Problemschach in Deutschland zu einer bis dahin nicht gekannten Publizität und damit zu einem neuen Selbstverständnis.

Grasemanns unablässiges Ringen um eine auf der Höhe ihrer Zeit stehende Schachästhetik klingt in seinen Aufgaben großartig nach. Einige der bedeutendsten unter ihnen finden sich in seinen Büchern über das Problemschach. Eine vollständige Sammlung des eigenen Schaffens herauszugeben, hat er sich jedoch versagt. Hinter dem Verzicht mögen sich Bescheidenheit sowie die Einsicht verborgen haben, daß das Werk eines einzelnen stets auf Vorangegangenem gründe und deshalb nicht losgelöst, sondern nur im ideengeschichtlichen Zusammenhang treffend zu würdigen sei. Was Grasemann für sich selbst nicht leisten wollte, soll mit dieser Publikation in seinem Geiste nachgeholt werden. Die Verfasser haben sich dabei bemüht, den Anspruch auf historische Einordnung wenigstens in Ansätzen zu erfüllen.

Grasemanns schöpferische Entfaltung ist nicht allein ein individuelles Phänomen, sondern sie verkörpert zugleich ein wichtiges Stück Problemgeschichte. Sein Hauptschaffen fiel in die 40er und 50er Jahre, eine überaus fruchtbare Phase der neudeutschen Problemkunst. Es war auch die Zeit Breuers, Halumbireks, Kraemers, Lepuschütz', Schneiders, Siers' und Zeplers. Mit ihnen teilte Grasemann die Vorliebe für das logisch gegliederte und zweckreine Schachproblem wie auch ein untrügliches Gespür für die kunst- und phantasievolle Form. Dies bewog uns, dem Buch über Herbert Grasemann und seine Schachaufgaben den doppelsinnigen Titel „Logische Phantasien" voranzustellen. Die scheinbare Paradoxie des gewählten Begriffspaars weist im übrigen darauf hin, daß bei der Komposition eines meisterhaften Schachproblems unterschiedliche Anforderungen aufeinander abgestimmt werden müssen: Verstand und Eingebung, Disziplin und Virtuosität, technische Fertigkeit und lebendige Gestaltung. Daran dürfte auch Herbert Grasemann gedacht haben, als er in der Zeitschrift „Schach" des Jahrgangs 1955 eine Rubrik mit auserlesenen Schachaufgaben unter das Motto „Logik und Phantasie" stellte.

Da Grasemann über seine Veröffentlichungen nur in der ersten Zeit Buch führte, war ein umfangreiches Quellenstudium erforderlich, um neben den bekannten auch die nebenher in der Tagespresse plazierten Stücke aufzuspüren und dem Leser in Erinnerung zu rufen. Sie belegen, daß ein Komponist auch auf Nebenplätzen nicht ins Banale abzugleiten braucht. Die vorliegende Sammlung, in der Bekanntes wiedergefunden und Neues entdeckt werden kann, ist in ihrem wesentlichen Bestand als vollständig zu betrachten. Von wenigen Ausnahmen abgesehen, bei denen wir uns ein Werturteil erlaubt haben, wurden von den insgesamt etwa 200 Problemen Grasemanns nur solche ausgespart, die entweder unheilbare Inkorrektheiten aufwiesen oder als Vorstudien zu späteren „gültigen" Fassungen einzustufen waren. Unsere engere Auswahl umfaßt 129, weitgehend chronologisch geordnete Aufgaben und reicht vom spektakulären Antritt im Jahr 1947 über die Jahrzehnte bis ins Todesjahr. In die Lösungsbesprechung haben wir 54 weitere Stücke Grasemanns und anderer Komponisten (als a-b-Fassungen) aufgenommen, die die Entstehungsgeschichte und Weiterentwicklung einzelner Ideen und Motive zeigen sollen.

In der Zusammenschau tritt die Breite des Grasemannschen Werks besonders deutlich zutage. Seine Domäne war der logische Vier- und Mehrzüger. Überdies schuf er eine ebenfalls stattliche Reihe unvergeßlicher Dreizüger. Aber auch in anderen Sparten war er zu Hause. So existieren von Grasemanns Hand überraschend viele Zweizüger, wobei die Darstellungen von Angriffen und Verteidigungen höheren Grades – als einer Adaptation neudeutschen Gedankenguts – herausragen. Daneben trat er mit einigen, oft mit raffiniertem Drohspiel ausgestatteten Selbstmatt-Längstzügern hervor. Daß Grasemann auch das Märchenschach nicht durchweg ablehnte, wenngleich er sich ihm nur ausnahmsweise zuwandte, mögen ein Hilfsmatt-Zwilling, eine Retro-Aufgabe und schließlich ein zweizügiger (!) Inder auf dem Zylinderbrett dokumentieren.

Um ein authentisches Bild von der Resonanz zu vermitteln, die die Kompositionen Grasemanns hervorriefen, haben wir die Lösungsbesprechungen – soweit es zu rekonstruieren war – durch Urteile der Fachwelt und Äußerungen des Verfassers zu den eigenen Aufgaben angereichert. Einige Limericks schachlichen Inhalts, ebenfalls aus Grasemanns Werkstatt, sind zur Auflockerung an passender Stelle eingestreut.

Unsere Biographie läßt erkennen, daß die Verschränkung von Werk und Vita bei Grasemann weit über das für uns heute Vorstellbare hinausging. Wie kaum ein anderer im Nachkriegsdeutschland opferte er dem Problemschach in schweren Jahren einen gewaltigen Teil an Kraft und Zeit. Er hat es sich nie leicht gemacht. Ein hoher Anspruch, kompromißloses Streben nach der Letztform, strenge Selbstkritik und Beharrlichkeit waren ihm selbstverständlich. Die unverwechselbare Gestalt seiner Kompositionen spiegelt es wider. Freilich künden Grasemanns Schachaufgaben auch von seinem nie versiegenden Humor: Vielfach sind in seinen Diagrammen Witz, Spielfreude und das verschmitzte Lächeln des Künstlers versteckt. Diese Merkmale sind selten geworden im zeitgenössischen Problemschaffen, das sich gern ernst gibt und dabei atemberaubende technische Wunderwerke (tasks) vollbringt, die ihres kühlen Intellekts wegen aber kaum Eingang in das Herz und in den Kunstsinn des Lösers finden. Grasemanns Werke dagegen, oft mit einer gesunden Portion Chuzpe genial auf's Brett gezaubert, sind nie blutleer, sondern verschaffen einen ästhetischen Hochgenuß, dem man sich immer wieder gern hingibt. Seine Problemkunst wird vielen Komponisten ein Vorbild bleiben.

Großen Dank schulden wir Frau Luise Grasemann. Sie machte uns die problemschachlichen Unterlagen ihres Mannes zugänglich, unterstützte uns bei der Beschaffung und Auswertung der Quellen, gab Auskünfte und stand mit wertvollem Rat zur Seite. Der Meisterlöser Hans-Christoph Krumm aus Oberhausen verdient für seine engagierte Mithilfe bei der Durchleuchtung einiger verwickelter Stücke eine „Ehrende Erwähnung".

Wir verbinden mit unserer Aufgabensammlung den Wunsch, Herbert Grasemann ein würdiges Andenken zu bewahren, die Löser zu begeistern – und schließlich die aufstrebenden jüngeren Problemverfasser anzuregen. Ihnen sei dieses Buch zugedacht.

Berlin, im Herbst 1985

Wolfgang Dittmann   Armin Geister   Dieter Kutzborski

Ein Leben für das Schachproblem

Herbert Grasemann; 21. 12. 1917–21. 6. 1983. So wird künftig der Eintrag in die Problemschach-Lexika lauten. Doch wer weiß schon, welches Schicksal und welche Hingabe sich hinter den dürren Daten verbergen? Ein Leben für das Problemschach – oder, wenn schon nicht das ganze, so doch wenigstens ein langes halbes Leben! Das müßte, zum rechten Verständnis der bewundernswerten Leistungen, Ausgangs- und Zielpunkt einer Betrachtung der Lebensgeschichte Herbert Grasemanns sein. Kaum einer hat dem Kunstschach so viel Leidenschaft gewidmet, hat ihm so viele Opfer, berufliche und persönliche, freiwillig dargebracht. Das Schachproblem hat er geliebt, mit der ihm eigenen zupackenden und besitzergreifenden Liebe, die zugleich dienende Liebe sein will, indem sie zu großen Verzichten bereit und zu enormen Anstrengungen fähig ist. Seine Begeisterung, die er stets weiterzugeben bemüht war, kannte kaum Grenzen, seine Gedanken und Aktivitäten kreisten um nichts anderes mit annähernd gleicher Intensität; und so ist nicht leicht zu sagen, ob hier die Problemkunst einen Menschen beherrscht hat oder der Mensch die Problemkunst. Es darf wohl beides Gültigkeit beanspruchen, und erst im späteren Alter, nachdem eine berufliche Konsolidierung eingetreten war, hat Herbert Grasemann jene gewisse Distanz zu seinem Faszinosum gewonnen, die es ihm erlaubte, die Proportionen auch einmal anders zu bestimmen. In seinem letzten, erst posthum erschienenen Buch, das ausnahmsweise nicht dem Problemschach, sondern dem Partieschach gilt, konnte er sein junges Lesepublikum sogar warnen vor der „Schachsucht“ und die Mahnung aufstellen: „Wer nichts als Schach im Kopf hat, ist im Grunde ein armseliger Tropf ...“ [1] Das war aus Erfahrung gesprochen, auch wenn sein eigenes Leben keineswegs armselig war, sondern voll selbstvergessenen Glücks und tiefster Befriedigung. Aber er wußte nur zu genau, mit welch beträchtlichen Opfern, die nicht jedermanns Sache sein konnten, dies Glück erkauft war.

Dabei begann sein Leben eigentlich recht normal und entwickelte sich zunächst nicht anders als das vieler Großstadtkinder. An der Wiege war es ihm nicht gesungen worden, daß er einmal zu den ‚betrogenen Jahrgängen‘ gehören würde, denen der zweite Weltkrieg den Abschluß der Ausbildung, den Einstieg in das Berufsleben und die körperliche Intaktheit zerstören sollte. Am 21. Dezember 1917 wurde Herbert Grasemann in Graudenz geboren. Später pflegte er sich als „naturreine(n) Berliner des nicht übermäßig sonnigen

[1] Spaß mit Schach für junge Leute, München 1984, S. 139.

17er Jahrgangs" zu bezeichnen.[2] Wieso dann Graudenz? Seine Eltern wohnten in Berlin, und sein Vater, ein ehemaliger Berufsoffizier mit militärischer China-Erfahrung, war, lange nachdem er den Dienst quittiert hatte, noch einmal als Ausbilder in die preussische Garnisonsstadt an der Weichsel geschickt worden. Dahin folgte ihm die Mutter 1917, um der Hungersnot in der Großstadt zu entgehen, kehrte aber mit dem neugeborenen Sohn bereits im Sommer 1918 nach Berlin zurück.

Er war also doch ein echter Berliner, der zunächst in Kreuzberg, dann im Wedding aufwuchs. In seiner Schulzeit wendete er sich den üblichen Hobbys, aber auch weniger üblichen Beschäftigungen zu. Seit dem zehnten Lebensjahr war er aktiver Fußballspieler, in Berlins ältestem Fußballverein Germania 88, stand viermal in der Berliner Stadtauswahl der Junioren, und er übte diese kraftbetonte Sportart länger aus als manch anderer, bis ins Jahr 1953. Er las auch viel, mit Vorzug Autoren der deutschen Klassik und der römischen Antike, und er hatte schon 1933 eine erste flüchtige Begegnung mit dem Problemschach, durch den Anhang des Reclam-Schachbändchens von Jacques Mieses, die aber trotz der eilfertigen Produktion eines Dreizüger-Erstlings (vgl. Nr. 1 a) eher enttäuschend verlief.[3] Nein, seine Lieblingsbeschäftigung war damals das Klavierspiel; er hatte zehn Jahre lang Unterricht erhalten und dadurch eine Fertigkeit erworben, die es ihm erlaubte, seine Komponistenidole, Beethoven und Bach, mit Freude zu spielen. Später sollte die böse Kriegsverwundung der aktiven Musikbegeisterung ein abruptes Ende setzen.

Seine Ausbildung entwickelte sich zunächst kontinuierlich und ohne Störung: Unterricht in einer Privatschule – Besuch der höheren Schule (Askanisches Gymnasium in Tempelhof) – Abitur 1936. Der Vater hatte gesagt: „Zuerst kommt der Beruf, dann vielleicht ein Studium", und gemäß dieser damals sehr verbreiteten und für nicht so betuchte Schichten auch notwendigen Devise, in deren Sicht das Studieren sich als kostspieliger Luxus darstellen mußte, absolvierte der Sohn eine Lehre als Industriekaufmann bei einer amerikanischen Erdölfirma, deren Verwaltungssitz sich direkt gegenüber dem Schöneberger Rathaus befand; diese Lehre konnte er 1939 abschließen. Da trat der entscheidende Bruch in seinem Leben ein. Der furchtbare, mörderische Krieg, der in diesem Jahr von Hitler-Deutschland vom Zaun gebrochen wurde, ließ den damals Einundzwanzigjährigen zwar knapp am Leben, spielte ihm aber übel mit. Er wurde sogleich eingezogen und kämpfte als Panzerfahrer an der Ostfront, bis ihn im Juli 1941 sein Schicksal bei Minsk in Weißrußland ereilte; er verlor in einem Kampf, bei dem die Division aufgerieben wurde, seinen linken Arm. Wie er sich mit der schweren Verwundung aus dem Panzer befreite, wie er vier Wochen mit eiterndem Armstumpf in einer gnadenlosen

[2] Deutsche Schachblätter 1 (1962), S. 17.

[3] Man lese Grasemanns plastische Schilderung dieser Episode in dem Fragment seiner Lebenserinnerung „Das ganze Leben ist ein Problem". In: Deutsche Schachblätter 22 (1983), S. 131 f.

Irrfahrt unterwegs war, bis ihn ein Lazarett aufnahm, wie er dann nahezu zwei Jahre lang in ärztlicher Behandlung blieb in verschiedenen Lazaretten, bis er endlich als zwar geheilt, aber kriegsversehrt 1943 entlassen werden konnte, das soll nicht im einzelnen geschildert werden; Herbert Grasemann hat über diesen schwersten Abschnitt seines Lebens später nicht gern gesprochen.

Er nahm noch vor Kriegsende ein Jura-Studium an der Humboldt-Universität auf, und er heiratete 1943 Luise Schmidt, die aus Bernau stammte, dem alten märkischen Hussitenstädtchen nordöstlich von Berlin, zu welchem (schon seit 1924) der erste elektrisch angetriebene Berliner S-Bahn-Zug hinausführte. In dieser Zeit ereignete sich seine zweite, diesmal schon ernsthaftere Begegnung mit dem Problemschach. Noch im Lazarett hatte er die ersten Drei- und Vierzüger gebaut, beeindruckt von dem Problemteil der Deutschen Schachzeitung, den damals Josef Halumbirek von Wien aus redigierte. Er wollte es den berühmten Namen wie Brunner, Vetter, Kraemer, Lepuschütz gleichtun und schickte daher einige Aufgaben nach Wien. Halumbirek antwortete postwendend, mit vorsichtiger Ablehnung der Aufgaben, mit ausführlicher Begründung, warum sie „noch nicht reif" seien, mit dem aufmunternden Ratschlag, zunächst die Geschichte und Theorie des Schachproblems zu studieren. Dieser Brief hatte Folgen, da Grasemann ihn in dreifacher Hinsicht sich zu Herzen nahm. Er begann, mit Energie die gesamte erreichbare Problemliteratur durchzuarbeiten und sich so ein breites Fundament historischer Kenntnisse zu verschaffen. Er machte sich die Auffassung von der Notwendigkeit des Reifungsprozesses bei künstlerischen Schachprodukten zu eigen und entwickelte strenge Beurteilungsmaßstäbe, die er dann zeit seines Lebens an eigene und fremde Hervorbringungen anlegen sollte. Er nahm sich schließlich ein Beispiel an der höchst behutsam-konstruktiven Art der Zurückweisung seiner Aufgaben und schrieb später selber, als Redakteur von mehreren Problemschach-Spalten, an junge Komponisten viele ebensolche Briefe, die mühsam und zeitaufwendig waren, aber erfüllt vom pädagogischen Impetus. Halumbirek nannte er aus diesem Grund seinen eigentlichen und einzigen „Mentor". Sein Lehrer – wenn man denn unbedingt einen solchen festgestellt wissen möchte – wurde, in theoretischen Fragen, Walther von Holzhausen; ihn allerdings konnte er nur noch in seinen Schriften und nicht mehr persönlich kennenlernen, da der von ihm so bewunderte Theoretiker der neudeutschen Schule schon 1935 gestorben war.

Die dritte und nun entscheidende Begegnung mit dem Problemschach vollzog sich nach dem Krieg, in der Zeit der Aufräumungsarbeiten und der Lebensmittelkarten. Berthold Koch, Deutscher Meister im Partiespiel und nachmaliger DDR-Meister, bot ihm 1947 an, im Ostberliner Sportverlag mitzuarbeiten und die Problemspalte des neu gegründeten Schach-Expreß zu übernehmen. Grundlage dieses Angebots war der Senkrechtstart des bis dahin unbekannten Schachkomponisten Herbert Grasemann gleich nach Kriegsende, den die Schachwelt mit Staunen registriert hatte. In einem von Kurt Richter veranstalteten Turnier hatte er auf Anhieb den ersten Preis und dazu eine Ehrende Erwähnung davongetragen. Die Offerte des Sportverlags war verlockend, bot sich ihm hier doch die Möglichkeit, seine journalistischen Fähigkeiten zu erproben, mit den Lesern und Lösern ins Gespräch zu kommen und das problemschachliche Engagement in seiner ganzen Breite auszuleben: als Kritiker, als Theoretiker, als Komponist, als Journalist. Von dem geringen Entgelt konnte die inzwischen dreiköpfige Familie – 1944 war ein Sohn geboren worden – natürlich nicht leben; aber was wäre, wenn er beim Ostberliner Schachclub Rotation, an dessen Spitzenbrett er nebenher Partieschach spielte, sich durch Übernahme der Aufgabe eines Schachtrainers ein Zubrot verdienen würde?

Die Aussicht, für eine Weile nur dem Problemschach zu leben, muß für Herbert Grasemann außerordentlich suggestiv gewesen sein. Hinzu kamen die Schwierigkeiten, die er mit der Fortsetzung seines Studiums der Rechtswissenschaften hatte. Er befand sich schon beim Repetitor und stand vor dem Examen, als ihm immer deutlicher wurde, wie wenig der Zwang zum Formalismus in der Rechtsprechung, im Osten wie im Westen der geteilten Stadt, seinem Naturell entsprach, das den Dingen auf den Grund gehen wollte und halbe Sachen verabscheute. Das heimliche Unbehagen an der Jurisprudenz raubte ihm die Motivation, die man für die Knochenarbeit des Examens nun einmal braucht; im Jahr 1948 gab er auf. Da sich auch keine andere berufliche Perspektive aufdrängte, stürzte er sich mit allen Kräften in das Problemschach, und aus der Übergangszeit wurden mehr als zwölf Jahre, in denen folgerichtig die wichtigsten und schönsten Werke seiner Problemkunst entstanden.

Problemschach als Berufsersatz – eine höchst problematische, damals wie heute kaum praktizierbare Lebensform. Seiner Frau erschien sie, besonders nach 1950, als sich vielerorts sonst ein gewisser Wohlstand zu etablieren begann, zuweilen wie ein Beiseitedrängen von Realitäten. Sie war es ja, die den Hauptteil der nötigen Einschränkungen von Anfang an zu tragen und erträglich zu machen hatte. Sie mußte mit wenig Geld auskommen und aus nichts etwas machen. Da gab es in der sehr kleinen Weddinger Wohnung, die sie zunächst bekommen hatten, Besuch von Freunden, von Hans Vetter und auch Willy Roscher aus Dresden, oder von Stefan Schneider, dem österreichischen Designer für Möbelstoffe, der damals zeitweilig in Berlin lebte und sich als Kunstmaler betätigte; die Hausfrau ‚zauberte' dann ein Abendgericht auf den Tisch, aus Pellkartoffelschalen angefertigtes Knäckebrot mit ein wenig Tomatenquark. In diese frühe Zeit, bis in das Jahr der Berlin-Blockade 1949, fielen die nächtelangen Diskussionen mit Stefan Schneider über die Kunstgesetze von Ökonomie und Zweckreinheit (aus denen 1948 Schneiders berühmter Aufsatz „Zweckökonomie" hervorging). Seit 1952 lebten sie bequemer in einer geräumigeren Wohnung; aber die Notwendigkeit, sich einzuschränken, blieb bestehen, zumal sie ihr Heim für alle Besucher in herzlicher Gastfreundschaft offenhielten. Und es kamen viele, die einkehren und diskutieren wollten: Wilhelm Massmann aus Kiel oder Nenad Petrović aus Jugoslawien, Jan Mortensen aus Dänemark, Hilmar Staudte, der Bruder des Filmregisseurs Wolfgang Staudte und Spezialist für Studien, Ado Kraemer natürlich und Erich Zepler, Werner Speckmann und der junge Hans Peter Rehm – um nur einige wenige von ihnen zu nennen. Luise Grasemann hat mit sparsamer Geschicklichkeit, Geduld und freiwilligem Verzicht bis 1961, als durch den Bau der Berliner Mauer sich vieles für die Familie änderte, dies Leben der finanziellen Knappheit überhaupt erst lebbar gemacht, so daß die großen problemschachlichen Leistungen ihres Mannes ohne ihr Wirken nicht zu denken sind.

Die Jahre nach 1946 sind die produktivsten gewesen, und so wird man in unserer Sammlung der Aufgaben Grasemanns die größte Häufigkeitsdichte in der Zeit zwischen 1947 und 1950 finden: Insgesamt entstand in ihr die Hälfte aller von ihm geschaffenen Stücke. Fasziniert von der Theorie der neudeutschen Schule, die er durch gründliches Studium der Schriften und Aufgaben von Kohtz und Kockelkorn, von Walther von Holzhausen, Erich Brunner, Josef Halumbirek, Hans Lepuschütz und Stefan Schneider in ihren Möglichkeiten und ihrer Entwicklung kennengelernt hatte, konzentrierte er sich auf die logische Struktur des Problems, auf die Gliederung in Sicherungsplan und Basisplan oder, wie man früher sagte, in Vorplan und Hauptplan. Was ihn an dieser besonderen Lösungsgliederungs-‚Logik' am meisten faszinierte, war die Chance zur reinen Darstellung strategischer Zusammenhänge, zur klaren und präzisen Herausmeißelung einer bestimmten Idee. Deshalb war ihm auch, wie allen Neudeutschen, die Zweckreinheit des Vorplans ungeheuer wichtig („Nebenzwecke trüben die Idee!"), und er schaltete sich in die heiß und scharfsinnig geführte, über Jahrzehnte währende Debatte um absolute und relative Zweckreinheit, um Probespiel und Hindernis immer wieder bis an sein Lebensende ein. Obwohl die Domäne des logischen Problems und demgemäß auch die Herbert Grasemanns neben dem Dreizüger besonders der Mehrzüger ist, verwundert es nicht, daß er zu Beginn auch recht viele Zweizüger verfaßt hat, wenigstens dann nicht, wenn man sorgfältig auf ihr Thema schaut. Ihn interessierten die fortgesetzten Verteidigungen und die Angriffe höheren Grades: „Daß das logische Schachproblem erst beim Dreizüger anfange und in den engen zweizügigen Rahmen nicht hineinpasse, ist ein längst überholtes Vorurteil."[4] In der Anfangsphase ist auch der Dreizüger häufig bei ihm vertreten, besonders weil er mit Themen experimentierte, die er in kürzerer dreizügiger Prägnanz darstellen wollte, etwa die Beschäftigungslenkung mit Drohwechsel (Nr. 5–7, 9, 10, 23).[5] Seine glänzendsten und berühmtesten Aufgaben jedoch bewegen sich im Bereich des Vier- und Mehrzügers, in dem er Unvergängliches geschaffen hat.

[4] Herbert Grasemann: Eines Reverends Einfall, der Geschichte machte. Berlin 1981, S. 52. Vgl. auch den Kommentar zu Nr. 18.

[5] Hierzu siehe Herbert Grasemann: Beschäftigungslenkung im Dreizüger. In: Schach-Expreß 1 (1947), S. 246–248.

Es ist nicht leicht, seinen Kompositionsstil zu charakterisieren. Er ging wohl meist von der Idee aus, von der Theorie – ganz anders also als etwa sein enger Freund Ado Kraemer –, und suchte dann eine entsprechende und eine ansprechende Form. Theoretisch bestimmt waren beispielsweise der Gedanke der mehrzweckigen indirekten Vorplanmanöver (Nr. 24–26) oder die Idee eines wirklich logisch gegliederten Inders durch den mit einer Drohung versehenen Sperrzug (Nr. 51, 91, 94) oder die Verbindung von Schachprovokation und Beschäftigungslenkung (Nr. 6, 7, 10, 23, 42); doch welche Form hat er dann, oft auf dem Umweg über mehrere Fassungen, gefunden! Die ökonomische und elegante Gestalt war ihm genau so wichtig wie das Thema selbst, und so wie er den neudeutschen Geboten von Logik und Zweckreinheit deshalb anhing, weil sie die ästhetische Kategorie der Klarheit realisierten, so verlangte er von sich auch eine virtuose Technik der Formgebung, weil erst durch sie das ästhetische Prinzip der Ökonomie verwirklicht werden konnte. Sparsamkeit der Mittel in mehrfacher Hinsicht, im Material, in der Zügezahl und in den Zwangsmitteln, war ihm ein empfindlich zu handhabendes Kunstgebot; er war äußerst sensibel für die Funktionalität der verwendeten Steine, bis hin zum Ärger über ein „unnützes" Bauernpaar, das ‚nur' der Verhinderung einer Nebenlösung diente (Nr. 38), oder bis zum monatelangen Kampf um die Beseitigung eines ein Feld unnötig überdeckenden, jedoch für die Korrektheit notwendigen weißen Bauern (Nr. 75). Aber er war, wie bei allen Kunstanforderungen, auch in der Frage der Ökonomie wohl sensibel, jedoch nicht dogmatisch und weit davon entfernt, das Ökonomiegebot als formalen Selbstzweck zu betrachten – weshalb er übrigens der verbreiteten Glorifizierung der Miniatur, also der willkürlichen Sieben-Steine-Grenze mit Mißtrauen begegnete. Im Gegenteil, er scheute sich nicht, einen schwarzen Springer hinzuzufügen, der nichts anderes bezweckte als die Verschleierung des Schlüsselzuges (Nr. 15), oder einen sogenannten überflüssigen schwarzen Bauern aufzustellen, der sich durch ein höheres Kunstprinzip legitimierte (Nr. 119). Das Ökonomiegebot begriff er stets als einen Appell an das Kunstverständnis, nicht an das simple Abzählvermögen des Komponisten.

Jedem Schematismus abhold, suchte er dem künstlerischen Anspruch durch Originalitätsstreben Gestalt und Lebendigkeit zu verleihen. Sein schachkompositorisches Werk war in vielerlei Hinsicht innovativ. Er rückte dem Vorurteil gegenüber einem Schachgebot im Schlüsselzug kräftig zu Leibe und machte mit mehreren höchst überraschenden Stücken (Nr. 59, 63, 71, 91, 118) den verachteten, ja tabuisierten schachbietenden Schlüssel salonfähig, indem er ihn als virtuosen Kunstgriff in das Themengefüge einarbeitete. Er überschritt die Konventionen bei dem kühnen Versuch, den Gedanken von mehrzweckigen und gleichwohl zweckreinen indirekten Vorplänen zu verwirklichen (Nr. 24–26, 69), und er stieß vollends in Grenzbereiche vor, als er die Nähe des Analogieprinzips zum logischen Prinzip untersuchte (Nr. 58, 58a, 58d). Hier war er der experimentierende und bohrende Forscher, der die Grundstrukturen des logischen Schachproblems hinterfragte. Der Wille, ausgetretene

Pfade zu meiden und neues Terrain dem orthodoxen Kunstschach zu erschließen, bedeutete auch Mut zum Risiko, zum anfänglichen Scheitern oder zumindest Ungenügen, und so gibt es bei ihm eine Vielzahl von Aufgaben, die eine lange Geschichte mit mehreren Fassungen aufweisen; der Leser wird in den Lösungsbesprechungen das interessante Vergleichsmaterial ausgebreitet finden. Sich selbst unter den hohen Anspruch des vielseitig Neuen zu stellen – sei es in der Idee, in den Wirkungsmitteln, in der Themenkombination oder in der logischen Tiefenstruktur –, konnte Herbert Grasemann sich nur deshalb erlauben, weil ihm eine enorme Kraft an Phantasie zu Gebote stand, eine besondere Fähigkeit, durch selbstkritische Beharrlichkeit den Punkt zu erreichen, den man gern ‚Einfallsreichtum' nennt. Wie kaum ein anderer hat er mit seinen Aufgaben demonstriert, wie innig sich neudeutsche Logik und phantasievolle Thematik oder Formgebung durchdringen können; phantasievolle Logik – logische Phantasien!

Neben dem Schachkomponisten Herbert Grasemann steht vor den Augen des Betrachters die in der Qualität vergleichbare, in der Breitenwirkung womöglich noch weiter ausstrahlende Gestalt des Schachredakteurs. Er hatte 1947 den Problemteil des Ostberliner Schach-Expreß übernommen (der von 1951 an unter dem heute geläufigen Titel „Schach" firmierte) und ihn ohne Unterbrechung, trotz des engen Rhythmus einer vierzehntäglichen Erscheinungsweise, bis 1961 betreut. Hinzu kam 1950 der Problemteil der wieder eröffneten Deutschen Schachzeitung, welchen bis in die Jahre des zweiten Weltkriegs hinein Josef Halumbirek innegehabt hatte und den Grasemann im Geiste seines Mentors, aber natürlich in ganz eigenem Stil zwölf Jahre lang, bis 1962, bearbeitete. Danach fand er ein neues Aufgabenfeld in den Deutschen Schachblättern, deren Rubrik für Schachkompositionen er über zwanzig Jahre lang, von 1962 bis zu seinem Tod 1983, in der bekannten, witzigen und faszinierenden Art dem Leser nahebrachte. Es ist bemerkenswert, daß er die Betreuung der Problemschach-Abteilungen in jeder der drei Zeitschriften vom ersten Jahrgang an besorgte, also jeweils seit Gründung oder Neubeginn der Zeitschrift; ihn reizte die Aufgabe eines konstruktiven Anfangs, einer neuen Entwicklung, nicht das Gleichmaß der Routine. Jeder Text aus seiner Feder, der in diesen Rubriken erschien, war das blanke Gegenteil von Routine, Schematismus, Langweiligkeit. Geistvoll, lebendig und elegant formulierte er das Gestalt gewordene Thema der Schachaufgabe, erläuterte er das Problem des Problems, komplizierte Zusammenhänge verständlich machend, eingängig dem weniger geübten Leser und zugleich höchst lehrreich dem ausgebufften Löser, indem er den Fachjargon respektlos beiseite schob und Plastizität des Ausdrucks an seine Stelle setzte, ohne jemals – das war das Schwierigste – die Tiefe des schachlichen Gedankens aufzuopfern. Wer ihn je gelesen hat, wird es bestätigen können: Seine Sätze bestechen durch Esprit und Präzision, sie signalisieren unverwechselbar die ‚Kennmarke Grasemann'. Das gefällige Schreiben ist ihm nicht zugefallen, er hat es sich Schritt für Schritt erarbeitet, so wie er sich überhaupt die Redaktion der Problem-Ecken nicht leicht gemacht hat. Er führte eine ausgedehnte Korrespondenz mit den Lösern, deren Anfragen er oft durch seitenlange, auf den Adressaten sorgfältig eingehende Briefe beantwortet hat. Nimmt man die Löserlisten mit Punkteaufteilung und Turniertabellen hinzu, so war es ein gewaltiges Stück Arbeit, das er den Problemteilen der Schachzeitschriften zukommen ließ. Vielleicht darf man für sie alle geltend machen, was ein Kenner der Materie, nämlich Josef Halumbirek, schon früh konstatiert hat: Herbert Grasemann ist es gelungen, „dank seiner umfassenden Kenntnis der alten, neueren und neuesten Problemliteratur" und durch seinen „liebenswürdigen Humor ... sich in die Herzen der Leser zu schmeicheln." [6] Das will für das spröde, durchaus nicht bei allen Partiespielern populäre Sachgebiet ‚Problemschach' viel heißen.

Warum tat er das alles? Warum mühte er sich derart ab, weit über das übliche Maß hinaus? Wir finden hier dasselbe Motiv wie bei den eindrucksvollen Bemühungen des Schachorganisators Grasemann. Er wollte für die Schönheiten des Problemschachs werben, wollte Verständnis und Begeisterung für das Kunstschach wecken, wollte den Kreis der Eingeweihten, der in esoterischer Isolierung zu verharren drohte, erweitern und nach vielen Seiten hin öffnen. Dafür ließ er sich einiges einfallen an Aktivitäten, die sich keineswegs auf das Medium der Schachzeitschriften beschränkten. Es begann mit den wöchentlichen Trainingsabenden beim Schachclub Rotation, denen er regelmäßig eine halbstündige Lektion über Schachaufgaben anfügte. Es setzte sich fort mit öffentlichen Vorträgen zum Thema Problemschach im Haus der Deutsch-Sowjetischen Freundschaft Unter den Linden in den Jahren 1950 bis 1952, wobei er einen mehr und mehr anwachsenden, erstaunlichen Zustrom erhielt: Am Ende hatte er weit über hundert Zuhörer! Es dokumentierte sich in der Organisation eines problemschachlichen Länderkampfes zwischen Baden und Berlin im Jahr 1953 samt Rückkampf im darauf folgenden Jahr ebenso wie in mehreren Vortragsreisen durch die DDR mit Stationen u. a. in Dresden, Leipzig, Karl-Marx-Stadt, wobei nicht selten auf seine Anregung hin sich Problemschach-Zirkel konstituierten. Es gipfelte in der Leipziger Großveranstaltung anläßlich der Schacholympiade 1960, als es Herbert Grasemann gelang, an die zweihundert Schachfreunde für die Teilnahme an seinem Problemschach-Quiz zu gewinnen.

Breitenwirkung ging ihm über alles, er kämpfte mit geradezu missionarischem Eifer für die Popularisierung des Problemschachs. Darin lag auch der eigentliche Grund für sein ständiges Ringen um einen lockeren, farbigen, einprägsamen Schreibstil und nicht etwa in eitler Selbstbespiegelung. „Als Publizist erstrebe ich Breitenwirkung! Der Zuschauerraum ist zu erweitern, auf der Bühne drängelt sich alles, im Parkett Leere!" [7] Um einem naheliegenden Mißverständnis vorzubeugen, sei hier mit Nachdruck darauf verwiesen, daß

[6] Josef Halumbirek: Zur Wiederaufnahme meiner Tätigkeit an der Deutschen Schachzeitung. In: Deutsche Schachzeitung 100 (1951), S. 294.

[7] Deutsche Schachhefte 1950, Heft 8, S. 40 f.

überraschenderweise kein Widerspruch bestand zwischen seiner auf die Breite zielenden Wirkungsabsicht und der Strenge seines Kunstanspruchs. Seine Schachkunst-Auffassung war bei aller Kompromißlosigkeit und trotz schärfster Anforderungen an die künstlerische Form keineswegs elitär; denn „gestaltete Form" bedeutete für ihn nicht verwirrende Schmuckbeigabe, vielmehr Ausdruck von Klarheit, von Reinheit des Gedankens, von Verständlichkeit der Idee. Das gute Schachproblem sollte aus sich heraus begreifbar sein, ohne umständliche Fachkommentare und „gelehrtes Getue", meinte er und sorgte sich stets um die glasklare, ungetrübte Präsentation des darzustellenden Gedankens – daher seine entschiedene Vorliebe für die neudeutsche Plangliederung. Er sah einen innigen Zusammenhang zwischen der künstlerischen Form und der didaktischen Zugänglichkeit eines Schachproblems. Deshalb verstand er unter Werbung auch nicht, wie manch ein anderer, das Simplifizieren für den Anfänger oder – die zweite Möglichkeit einer Ausflucht – die Ersetzung des Kunstcharakters durch den Rätselcharakter. In der Kunstqualität selbst erblickte er die Chance für eine erfolgreiche Werbung und hielt darum nichts von den Versuchen, sie aus pädagogischen Gründen dem Neuling vorzuenthalten. Noch kurz vor dem Tod hat er als ein Vermächtnis ausgesprochen: „Breite – ja! Aber nicht auf Kosten der Tiefe!".

Da im Zentrum all seiner Überlegungen zum Wesen der Schachaufgabe die Forderung nach kunstgemäßer Gestaltung stand[8], wehrte er sich mit Leidenschaft und Energie gegen Tendenzen besonders der jüngeren Zeit, in denen er eine schleichende Unterminierung der Kunstanforderungen zu erkennen glaubte. Wenig schätzte er die modische Sucht nach Rekorden, den Kampf um die höchstmögliche Zahl, da das Rekorddenken die Zahl über die Schönheit stellt, Quantität gegen Qualität ausspielt. Für bloße Tasks, die meist auf Kosten der Form erzielt werden, konnte er keine Bewunderung aufbringen; die Mehrfachsetzung eines Themas oder Motivs sei eben nicht schon als solche schön, es sei denn, es träten besondere formbestimmende Elemente hinzu. Hiermit im Zusammenhang stand seine ausgesprochene Aversion gegen die Versportlichung des Problemschachs, gegen das ganze Titelwesen, gegen Preise und Auszeichnungen. Es war nicht nur das berechtigte Mißtrauen gegenüber dem Objektivitätsanspruch von Turnierentscheidungen: Natürlich betonte er immer wieder die Relativität von Preisrichterurteilen, die geradezu notwendige, in der Sache selbst begründete Subjektivität eines Geschmacksurteils und erinnerte stets daran, daß es zahlreiche hervorragende Aufgaben gebe ohne jede Auszeichnung.[9] Aber letztlich war ihm die sportliche Zweckentfremdung des Schachproblems wohl doch aus einem anderen Grund zuwider; an den

[8] „Das Schachproblem als Kunstwerk" nannte er bezeichnenderweise eine Rubrik von Aufgaben-Nachdrucken, die er 1953–1955 in der Deutschen Schachzeitung präsentierte.

[9] Siehe etwa Herbert Grasemann: Ferner liefen ... Ein Blick auf die Kehrseite der Turnier-Entscheide. In: Deutsche Schachzeitung 100 (1950), S. 70–72.

Wettkampfgedanken heftet sich ja zwangsläufig die Versuchung, die konkurrierenden Leistungen zu messen, das Unvergleichbare eben doch zu vergleichen, die trügerische Sicherheit eines quantitativen Maßstabs der sachangemessenen Subjektivität vorzuziehen, wodurch sich in der Bewertung quantitative Gesichtspunkte in den Vordergrund drängen. Versportlichung erschien ihm letztlich als Angriff auf den Kunstcharakter.

Sein konsequentes Festhalten am Kunstcharakter des Schachproblems war auch die Ursache für seine beträchtliche Reserve gegenüber dem Märchenschach. Gewiß bestritt er nicht die Tatsache, daß man auch im Bereich des Märchenschachs gehaltvolle und formvollendete Wunderwerke finden könne. Doch hatte er eine andere Erscheinung im Auge, die als unerwünschte Begleitmusik zur rasanten expansiven Entwicklung des Märchenschachs in den letzten Jahrzehnten wohl unvermeidlich, freilich auch nicht zu leugnen war: Das Erfinden immer neuer Regeln und Bedingungen diente so manchem Autor zur bloßen Konstruktionserleichterung oder zum Ersatz für einen bedeutenden Inhalt. Eine neue Märchenfigur, die nichts anderes leistete, als dem Autor die technischen Schwierigkeiten abzunehmen, empfand er zu Recht als Verstoß gegen das Ökonomiegebot, mithin gegen eines der grundlegenden Kunstprinzipien. Wo die Märchenregel hingegen genutzt wurde zur Darstellung neuer, im orthodoxen Bereich gar nicht möglicher Ideen, wo sie sich beim Autor mit Theoriekenntnis und energischem Gestaltungswillen verband, da konnte er Beifall spenden und war durchaus kein dogmatischer Gegner des Märchenschachs; hat er doch selbst in diesem Genre sich gelegentlich betätigt.[10] Die besten Märchenschachkomponisten bestätigen durch ihren Werdegang die Richtigkeit seines oft ausgesprochenen Postulats, es solle sich zuerst in Theorie und Praxis des orthodoxen Schachproblems auskennen und bewähren, wer auf dem Feld des Märchenschachs etwas leisten wolle.

Wenn er streng war in seinen Maßstäben und Beurteilungen, so geschah es um des Kunstanspruchs willen, bei dem er keine Kompromisse duldete, und er war streng zu allererst gegen sich selbst. An seinen Aufgaben feilte er lange, er rang in immer neuen Anläufen um die richtige Form, und er gewann dem – jedem Problemverfasser wohlbekannten – Fluch der ewigen Nebenlösungen diesen einen positiven Sinn ab, daß sie den Verfasser zu wiederholten Anstrengungen und damit zu Verbesserungen der Aufgabe antrieben, was er „ausgleichende Gerechtigkeit“ nannte. Nur nicht zu früh abbrechen! Er gestattete sich keine „Schlampigkeit“ und konnte es nicht leiden, wenn jemand vorzeitig die Arbeit am Schachproblem beendete, sich mit Unfertigem begnügte, wenn der gute Gedanke unausgefeilt nur so hingeworfen wurde und das Ergebnis noch zu viele Bauern oder einen farblosen Schlüssel oder eine vom Wesentlichen ablenkende Nebenvariante aufwies – oder was es sonst noch an sehr mühsam zu beseitigenden kleinen Mängeln geben mochte. Er selbst kämpfte beharrlich mit der Materie, um ihr Ästhetisches abzuringen, und er bekannte sich bewußt

[10] Mit insgesamt neun Stücken – vgl. das Aufgaben-Register im Anhang.

zu der damit verbundenen langwährenden Mühsal, so wie er an Beethoven in und neben seiner Musik nach eigenem Bekunden gerade ebendies liebte, daß ihm nichts leichtgefallen sei.

Man kann sagen, daß sich Herbert Grasemann nach 1945 in dem heiklen Status eines ‚Problemschach-Vollprofi' allmählich einigermaßen eingerichtet hatte, mit allen bis ins Jahr 1961 fortdauernden finanziellen Einschränkungen, ohne die es nicht ging. Er gewann zu der Betreuung der Problemabteilung erst der einen (in Ostberlin erscheinenden), dann daneben der anderen (in Westberlin erscheinenden) Schachzeitschrift weitere Aufgaben und Ehrungen hinzu. Er war beteiligt bei der Gründung der Kommission für Probleme und Studien im Deutschen Schachverband der DDR, in der er nicht Mitglied sein konnte, weil er in Westberlin wohnte. Er nahm, als Vertreter der DDR, an mehreren Problemisten-Kongressen der internationalen FIDE-Kommission für Schachkompositionen teil, 1958 in Piran, 1960 in Leipzig und 1961 in Moskau, wo er seinen vielbeachteten Vortrag „Zur Situation der Neudeutschen Schule" hielt. Er verfaßte zwei berühmt gewordene Aufgabensammlungen, die 1955 und 1959 im Sportverlag Berlin herauskamen: Die beiden Bände „Problemschach" wurden wegen ihrer Themenregister und besonders wegen ihrer brillanten Lösungserläuterungen viel gekauft und sind heute gesuchte Raritäten. Grasemann schrieb sie getreu seiner Devise, daß „sich das Lösen von Schachaufgaben zu einer Art Kunstbetrachtung erhoben" habe.[11]

Die plötzliche Wende, die zweite in seinem Leben, trat ein, als die Teilung der Stadt Berlin mit dem Bau der Mauer im Jahr 1961 endgültig vollzogen wurde. Er mußte, da er nicht in den östlichen Teil der Stadt übersiedeln wollte, seine Tätigkeit im Sportverlag, und das hieß in erster Linie: die Bearbeitung des Problemteils von „Schach" aufgeben. Mit einem Schlag war er auch von allen sonstigen institutionellen und persönlichen Bindungen an das DDR-Problemschach abgeschnitten. Damit verlor er nicht nur seine problemschachliche Heimat, sondern war auch zum ersten Mal nach dem Krieg gezwungen, einen Beruf fernab von jeder schachlichen Betätigung zu suchen und auszuüben. Das war in seinem Alter nicht mehr ganz einfach; doch fand er nach gewissen Anfangsschwierigkeiten und einigen Übergangsbeschäftigungen schließlich 1963 eine gute Stelle in der Verwaltung einer Wohnungsbaugesellschaft, die ihm wenig Zeit für das Problemschach ließ, und zehn Jahre danach eine noch bessere Stellung als geschäftsführendes Vorstandsmitglied in der Bürgermeister Reuter-Stiftung, die seinen Fähigkeiten voll entsprach und ihn mit großer beruflicher Genugtuung erfüllte. In dieser Zeit, besonders aber nach 1979, dem Jahr seines Eintritts in das Rentenalter, avancierte er zu einem Problemschach-Schriftsteller ersten Ranges.

Denn das ist wohl das bedeutendste Merkmal seines letzten großen Lebensabschnitts, daß er das Problemschach durch Bücher in einem Ausmaß popula-

[11] Herbert Grasemann: Problemschach. Band II, Berlin 1959, S. 5.

risierte wie nie ein Schachkomponist vor ihm. Er begriff, daß seine Fähigkeit zur klaren, einprägsamen und witzigen Formulierung, in einzelnen Artikeln längst erprobt, für die große Form eines ganzen Buches mindestens ebenso geeignet war; und die Verleger begriffen es allmählich auch. Nach dem Auswahlband „Problem-Juwelen“ und nach einer gehörigen Pause stieß er schließlich mit den beiden Bänden „Schach ohne Partner“ und dem letzten Buch „Die Kunst des Mattsetzens“ in den scheinbar unerreichbaren Bezirk des Taschenbuchs vor und eroberte damit dem Problemschach ein ganz neues Medium der Öffentlichkeitswirkung. Die Auflagenzahlen entwickelten sich atemberaubend, von ihnen hatte bis zu Herbert Grasemann kein Autor dieses Sachgebiets auch nur träumen dürfen. Die frühen Problemschach-Bände erreichten eine Auflage von guten 5000 Stück (vergriffen), ähnlich kamen die Problem-Juwelen auf 3000 (ebenfalls vergriffen). Aber dann: Der erste Band von „Schach ohne Partner“ erzielte bis zum Sommer 1982 eine Auflage von sage und schreibe 43000! Der zweite Band ging auf Anhieb, wie dann auch „Die Kunst des Mattsetzens“, mit 13000 in den Verkauf. Damit leistete Herbert Grasemann unendlich viel für die Propagierung und das Verständnis des Kunstschachs, für die Heranführung neuer Anhänger, und er zeigte dem Problemschachwesen Zukunftsperspektiven, die noch gar nicht überall in ihrer Bedeutung erkannt worden sind. Es ist charakteristisch für ihn, daß er keine Scheu vor neuen Medien hatte, vielmehr den technischen Fortschritt zu nutzen verstand; in den letzten Jahren noch hat er der Videotext-Redaktion im Sender Freies Berlin als Fachberater die monatlichen Texte für Schachprobleme und ihre Lösungen geliefert.

Die große Produktivität des Schachschriftstellers Grasemann läßt sich unschwer am Verzeichnis seiner Veröffentlichungen ablesen, das wir dieser Sammlung angefügt haben. In der letzten Zeit verstand er sich immer mehr als Publizist, der schreibend die Geltung und Wertschätzung des Problemschachs fördern wollte. Nicht nur wegen seiner stilistischen Gewandtheit hatte er Freude an der literarischen Betätigung. Der Spaß am Umgang mit dem sprachlichen Material reichte vom Schach-Limerick bis zur Anhäufung verblüffender Pointen und versinnbildlichte sich vollends in dem publizistischen Versteckspiel mit seinem Pseudonym „Arne Mangs“, das er in den fünfziger Jahren als Anagramm aus Grasemann erfunden hatte. Diente es ursprünglich vielleicht der leisen Distanzierung von einzelnen Aufgaben (siehe etwa Nr. 104), so wuchs es sich später zur literarischen Figur eines fiktiven Gesprächspartners aus, der die amüsante Aufspaltung des Ich im Dialog ermöglichte. Die solcherart humorvolle Vorführung und Kommentierung von Schachaufgaben war aber nur die eine Seite seiner schriftstellerischen Intentionen; zugleich beschäftigte ihn unablässig die Frage der theoretischen Grundlegung des Schachproblems. Er sah sich in der Tradition der Theoretiker Johannes Kohtz, Walther von Holzhausen, Josef Halumbirek und Stefan Schneider und arbeitete scharfsinnig an deren Definitionen der ‚Neudeutschen Schule‘ weiter, indem er immer präziser und differenzierter die Erscheinungen von Plangefüge, Zweckökonomie und logischer Struktur begrifflich entfaltete. Das Ergebnis, zuerst als lose Folge von Artikeln in den Deutschen Schachblättern erschienen, legte er endlich im Jahr 1981 zusammengefaßt und vermehrt in dem tiefschürfenden Buch „Eines Reverends Einfall, der Geschichte machte. Das neudeutsche Schachproblem. Ursprung, Grundlagen, Grundbegriffe" der Öffentlichkeit vor, das die wichtigste theoretische Analyse des logischen Schachproblems seit Jahrzehnten darstellt. Das Werk enthält sein eigentliches Vermächtnis, es ist das Schlüsselbuch zum Verständnis der Grasemannschen Kunstschach-Ästhetik.

Wer Herbert Grasemann persönlich erlebt hat, der weiß, daß seine ästhetischen Einsichten nichts Abstraktes, Losgelöstes an sich hatten. Sie waren gewonnen am konkreten Material, wurden überprüft an den kleinsten Qualitätsmerkmalen einer Problemstellung und zur Geltung gebracht für jede Nuance ihres Lösungsablaufs. Der Ort solcher fruchtbaren Problem-Debatten war die Berliner Problemschachrunde, die über fünfunddreißig Jahre lang mit dem Namen Herbert Grasemanns auf's engste verknüpft war. Um ihn als den Initiator versammelten sich einmal im Monat die Freunde des Problemschachs, Komponisten wie Löser gleichermaßen, und in den Jahren bis 1961 kamen sie aus allen Teilen Berlins. Deutsch-deutsche Gemeinsamkeit am Demonstrationsbrett – um ihretwillen hatte Grasemann den Treffpunkt nach Ostberlin verlegt. Später war dies nicht mehr möglich, und man kam in einem Charlottenburger Restaurant zusammen, zuletzt im „Balken", der es deswegen zu einer gewissen Bekanntheit brachte[12] und über die Jahre hin – wie auch heute noch – zahlreichen Besuch von auswärtigen, zumal westdeutschen Problemfreunden erhielt. In diesen Zusammenkünften lag die Keimzelle vieler schachästhetischer Erkenntnisse, und hier konnte man die freundlichen wie die bedrängenden Seiten des ungeheuren Grasemannschen Temperaments erleben.

Seine leidenschaftliche Begeisterung brach sich im blitzschnellen Denken und im heftigen Schnellsprechen Bahn, konnte sich stimmlich zu explosiver Lautstärke verdichten, wechselte zwischen scharfsinniger Argumentation, bissiger Ironie und aufmunternder Herzlichkeit, so daß mancher fasziniert, mancher auch betroffen war. Er liebte es, im Mittelpunkt zu stehen und das Gespräch im eigentlichen Wortsinn zu ‚führen', und man überließ ihm freiwillig diese Rolle, weil er aus einem enormen Fundus an Wissen und Urteilsvermögen schöpfte. Zu den von ihm favorisierten Literaten gehörten Kurt Tucholsky und Curt Goetz, entsprechend hatte er eine Vorliebe für die scharfzüngige Satire und das liebenswerte Wortspiel. Seine Heiterkeit und sein Humor kamen immer wieder zur Geltung, allein schon durch die direkte und zugleich

[12] Es haben sogar zwei Problemthemen auf Grund der Turnierinitiative der Berliner Problemschachrunde entsprechende Namen erhalten, das „Berlin-Thema" und das „Balken-Thema" – vgl. Deutsche Schachblätter 14 (1975), S. 70 und 23 (1984), S. 23.

herzliche Art seines Lachens. Er besaß einen ausgeprägten Gerechtigkeitssinn und trat für andere verläßlich und mit Entschiedenheit ein, wo er in ihnen das Opfer eines Unrechts sah. Er besaß auch eine ausgeprägte Wahrheitsliebe, die ihn aufrichtig sein ließ, immer und um fast jeden Preis, ohne besondere Rücksicht auf Konventionen oder Verletzlichkeiten, aber auch ohne Finten oder Schaumschlägerei. Man wußte stets, woran man mit ihm war, und mochte seine Kritik auch hart sein, so war sie doch ehrlich, und der sprudelnde Quell seiner Ideen und Anregungen wendete jede Kritik ins Konstruktive. Der Faszination, die von seinen klugen und pointierten Sätzen ausging, vermochte sich niemand zu entziehen.

Im Balken konnte man, anläßlich der Vorführung neuer Schachaufgaben durch Teilnehmer der Runde, aus den eher beiläufigen Anmerkungen Grasemanns viel lernen. Er wies darauf hin, daß das Gesetz der Ökonomie auch für die Zügezahl gelte und daß demnach, in Beibehaltung des gewählten Themas, ‚lieber weniger als mehr' die ästhetisch legitime Faustregel sei. Er lehrte das richtige Verständnis der Raum-Ökonomie, das gerade nicht, wie man denken könnte, im Aussparen möglichst vieler Felder bestehe, sondern umgekehrt in der Nutzung des ganzen Brettes, so daß eine einfache Anwendung des Prinzips etwa schon die Bevorzugung eines räumlich längeren Schlüsselzuges sei. Er forderte, daß die Drohung im logischen Problem möglichst kurz, das heißt von geringer Zügezahl sein solle, um den Kausalzusammenhang des Geschehens prägnanter hervorzuheben – und pflegte an dieser Stelle sogar Kritik an der langzügigen Drohung in seinem monumentalen Preisträger Nr. 75 zu üben! Er stellte die Regel auf, daß Nebenvarianten möglichst beseitigt werden sollten oder wenigstens, wenn das nicht ginge, zu kürzen seien, und lieferte die künstlerische Begründung gleich mit: Sei die Nebenvariante kürzer als die Lösung, könne sie auf Anhieb als unthematisch erkannt werden, was den Blick auf das Wesentliche lenke. Daß er in diesem Sinn das langzügige Nebenspiel in seiner hervorragenden Nr. 90 nicht hatte tilgen können, hat er überkritisch immer als leisen Makel empfunden. Duale betrachtete er, wie alles andere auch, nicht schematisch, sondern im Blick auf ihre Wirkung; tauchten sie in einem unthematischen Nebenspiel auf, hielt er sie für belanglos (Nr. 22), und er rechtfertigte diese Auffassung mit dem Hinweis auf den wahren Grund dafür, warum Duale im Hauptspiel schädlich seien: eben wegen ihrer die Klarheit trübenden Zweideutigkeit. Dies und vieles andere war bei ihm zu lernen, und er vermittelte durch seine präzisen Bestimmungen den Eindruck, daß man das Geschäft des Kunstkritikers im Problemschach wohl doch auf solidere Füße stellen könne, als es auf dem unsicheren Grund der bloßen Intuition zu betreiben. Seine einzelnen Thesen fügten sich wie Teilstücke eines Geflechts zu einem harmonischen, in sich stimmigen Ganzen einer ausgearbeiteten Kunstschach-Logik zusammen.

Im letzten Jahr seines Lebens steigerten sich die körperlichen Leiden Herbert Grasemanns, die ihm schon vorher zugesetzt hatten. Sein Herzleiden verschlimmerte sich, und er hatte Schmerzen in der Wirbelsäule, in den Hüftgelenken, in der Schulter, was ihn in seiner Arbeit sehr behinderte. Zwar saß er noch am Schreibtisch und stellte mit tapferer Pünktlichkeit die Beiträge für die Deutschen Schachblätter zusammen; doch im Balken erschien er nurmehr unregelmäßig, und der Plan einer groß angelegten Autobiographie, unter dem für ihn so bezeichnenden mehrdeutigen Titel „Das ganze Leben ist ein Problem“, blieb in den Anfängen der Realisierung stecken. Dann kam eine schwere Krankheit hinzu, die zwei Operationen notwendig machte. Seine Abwehrkräfte reichten nicht mehr aus; nach längerem Krankenhausaufenthalt endete sein Leben am 21. Juni 1983. Mit ihm starb, das war allen Anteilnehmenden bewußt, einer der ganz Großen in der Geschichte des Problemschachs. Die Erinnerung an seine Persönlichkeit ist bei seiner Familie, bei seinen Freunden, in der Berliner Problemrunde stark und lebendig; die Erinnerung an sein Werk wird seine Person überdauern und in der Welt der Problemkunst weiterwirken. Er, der beste Kräfte seines Lebens dem Problemschach gewidmet hatte, erfuhr aus berufenem Mund eine angemessene und prägnante Würdigung: „Er war ein Problemkritiker wie Bayersdorfer, ein Theoretiker wie Holzhausen, ein Problemverfasser wie Kraemer und ein Schachjournalist wie kein anderer – für uns die überragende Persönlichkeit des deutschen Problemschachs nach 1945.“ [13]

[13] Hans Peter Rehm und Stephan Eisert: Herbert Grasemann. In: Die Schwalbe, August 1983, S. 97.

Jeder Schächer, auch der eingefleischte Partiepraktiker, sollte hin und wieder ein Problem lösen, zu seiner eigenen Freude und Befriedigung; denn nirgendwo tritt ihm die Schönheit und Tiefe unseres Spiels in so konzentrierter und geläuterter Form entgegen wie in einer guten Schachaufgabe.

(H. G. – Schach-Expreß 1947)

Die Schachaufgaben

1 1. Dg8! (2. Lf7† 3. L: g6‡)

1. ... Lf5/Le4/Ld3 2. Le6/Ld5/Lc4† Kb1 3. L: L‡, 1. ... Lc2/b1D† 2. Lb1† K: b1 3. Da2‡, 1. ... Lc3 2. Lb1† K: b1 3. D: g6‡, 2. ... L: a5 3. Da2‡.

Eine effektvolle D/L-Bahnung in die Ferne. Die Dame muß einerseits a2 überdeckt halten, um dort gegebenenfalls im 3. Zuge mattsetzen zu können, andererseits den Abfang des schwarzen durch den weißen Läufer ermöglichen. Beide Momente bestimmen den verblüffenden Schlüssel.

Der spektakuläre Turniererfolg eines damals Unbekannten gegen die deutsche Problem-Elite der Nachkriegszeit. Dies mit einer Aufgabe, die er wohl überbescheiden als „ausgesprochene Jugendarbeit" bezeichnete. Das Preisgeld von 150,– RM entsprach dem Wert eines Brotes. Wertvoll genug in jenen Tagen! Ein großartiger Auftakt, der andeutete, was in den Folgejahren passieren sollte.

„Meine 4. Aufgabe überhaupt und mein erster 1. Preis. An dem von Kurt Richter veranstalteten Horizont-Turnier, es war der erste große Kompositionswettbewerb nach Kriegsende, beteiligte sich beinahe alles, was Rang und Namen und was im Tischkasten hatte. Einige meinten, H. G. sei ein Pseudonym, hinter dem sich ein Berühmter verstecke." (H. G. – Deutsche Schachblätter 10/77)

Wir haben uns nach langer Überlegung entschlossen, hier auch Grasemanns Erstling zu bringen, von dem er sich bald distanzierte. Im Bestreben, keine Legenden zu schaffen, sondern vom Menschen und seinem Lebenswerk zu berichten, erschien uns das historische Interesse wichtig genug. Wer je „bessere" Jugendsünden verbrochen hat, mag die Aufgabe getrost kritisieren!

Grasemann sah seine Anfangsversuche selbstkritisch, ohne sie abzuleugnen. In seinen Memoiren (Deutsche Schachblätter 5/83) schreibt er hierzu: „...fummelte mit den 4 weißen Leichtfiguren und einem Schock Bauern so lange ... herum, bis die es endlich satt hatten und aus lauter Mitleid sich selber zu einem Dreizüger formierten. Er hatte 4 Mustermatts, dafür weder Geist noch Witz. Bieder und fade war das Ding, ein mattes Muster ohne Wert."

Die Brennessel 1935

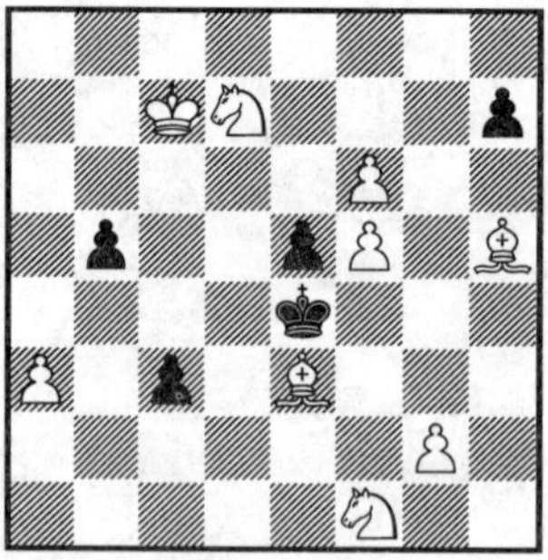

1a Matt in 3 Zügen

1a 1. Ld1! (2. Lc2† Kd5 3. Sb6‡)
1. ... Kd5 2. Sb6† Ke4 3. Lc2‡,
1. ... K: f5 2. Sg3† Kg6 3. Lh5‡,
2. ... Ke6 3. Lb3‡,
1. ... Kd3 2. Sc5† Kc4 3. Lb3‡.

Elf Jahre dauerte es, ehe Grasemann (mit der Nr. 31 a) wieder an die Öffentlichkeit ging.

Horizont 13. 4. 1947
1. Preis
Zum Gedenken an Hans Firmenich

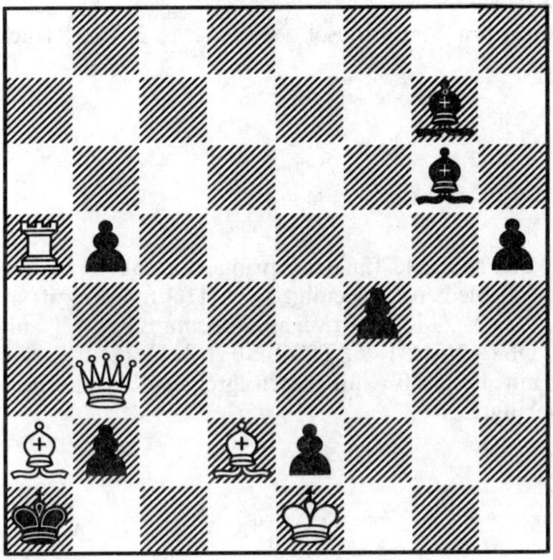

1 Matt in 3 Zügen

2 1. f5! (2. Th4‡) Sf7 2. Td6‡, 1. ... Se6 2. Td7‡, 1. ... Sf3 2. Lc2‡.

3 Das Satzschach 1. ... Te6† 2. D: e6‡ ist harmlos. Brauchbare Wartezüge hat Weiß jedoch nicht.
1. Db6/Db3/Dh6? Td4!
1. Lf3! Te6† 2. Lc6‡ mit Mattwechsel oder 1. ... f6 2. Lh5‡ Rückkehr.

4 Die Dc3 blockt das Mattfeld für den Springer. Zieht sie beliebig ab 1. Dd4 ... h8? (der Bb2 muß gefesselt bleiben), verteidigt 1. ... Tf6! mit Angriff auf den Ta6.
1. Ta3! (2. Df6!. Um 2. ... Kb1! zu verhindern, muß der Tf1 angegriffen werden!).
1. ... Th/g/d1 2. Dh8/g7/d4!, 1. ... Tf7 2. Sb4† 3. De1‡, 1. ... Kb1 2. Dd2 3. Sc3‡.
Grasemann war mit diesem für ihn so erfolgreichen Turnier in den Mittelpunkt der Aufmerksamkeit gelangt.

Dr. M. Niemeijer
British Chess Magazine 1947
1.–2. Preis

4a Matt in 3 Zügen

4a Ein Vergleich mit Niemeijers Stück ist interessant, das Ideenschema ähnlich. Die Zeitreife!
1. Lh1! (2. De6!) Tf/g/h1, 2. Df7/g8/d5!

Schweizerische
Schachzeitung 1947

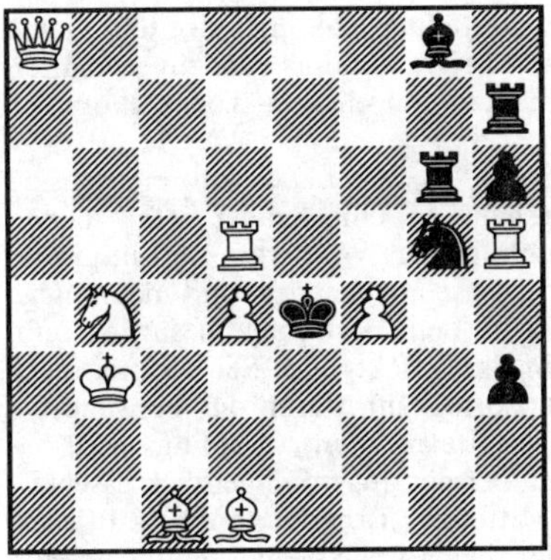

2 Matt in 2 Zügen

Horizont 19. 11. 1947

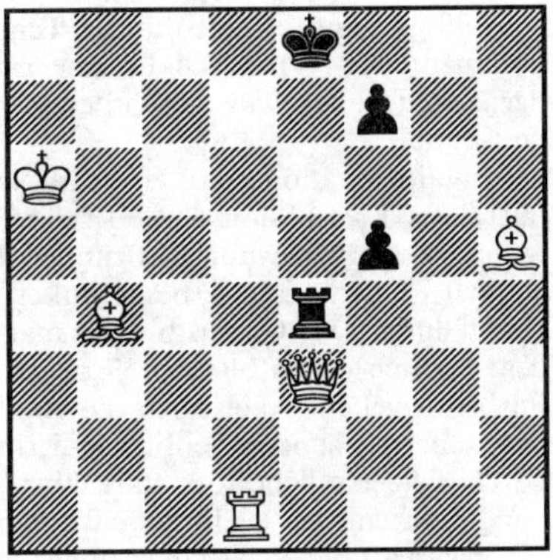

3 Matt in 2 Zügen

Horizont 27. 4. 1947
3. Ehrende Erwähnung

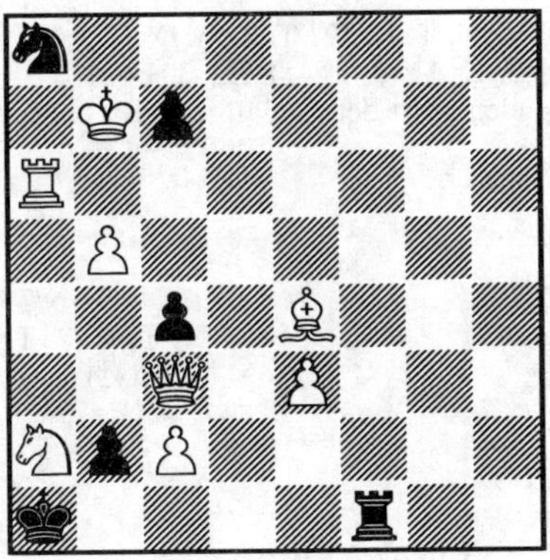

4 Matt in 3 Zügen

5 Buchstaben- oder Symbolprobleme, eigens der Form wegen komponiert, verabscheute Grasemann über alles. Andererseits besaß er genügend Humor, eine sich aus dem Konzept zufällig ergebende Form auch lösernah zu betiteln.
Hier war der Fall klar: Das Saxophon!

1. Ka3? (2. Sb3‡) Le7!, 1. Le6! (2. L: c8) L: e6† 2. Ka3 (3. Ta6/Sb7‡) Lc8 3. Sb3‡.

Weiß gewinnt das notwendige Tempo durch Beschäftigungslenkung (Idee und Name kommen 1910 von Erich Brunner) mit Drohwechsel. Grasemanns Dreizügerschaffen der ersten Jahre war von interessanten Experimenten mit diesem Themenkomplex bestimmt.

Seine Motivation erläutert er im Schach-Expreß 1947, S. 246: „Die Autoren, die sich mit dieser Idee (Anm. d. Verf.: der Beschäftigungslenkung) eingehender befaßt haben – im wesentlichen nur E. Brunner, Dr. H. Lepuschütz, Dr. W. Berges und in grauer Vorzeit H. Eichstädt – beschränken sich auffälligerweise auf die vier- und mehrzügige Darstellung. Der Grund hierfür mag hauptsächlich in dem Bestreben zu suchen sein, dem an sich etwas blassen Vorwurf durch ein längeres effektvolles Schlußspiel mehr Farbe zu geben. Aber auch die straffe dreizügige Form kann durch die Verwendung eines überraschenden Schlüssels wirkungsvoll ausgestattet werden. Allerdings wird dadurch die eigentliche Idee stark überschattet; gegenüber der augenfälligen Schlüsselwirkung erscheint sie leicht als ein untergeordnetes Mittel zur Erreichung dieses Effekts. Indessen tritt bei etwas eingehender Betrachtung der thematische Gehalt deutlich genug in Erscheinung, besitzt doch unsere Idee in der ungeschmälerten Erhaltung des schwarzen Positionswertes ein recht charakteristisches Merkmal."

Weitere Beispiele werden in der Folge seine Ausführungen belegen.

6 1. Kh4? (2. Sg4‡) e1D!, 1. Sf6! (2. S: g8‡) S: f6† 2. Kh4 (3. g8S‡) Sg8 3. Sg4‡.

7 1. Kh1/2/3? (2. Lg2‡) b1D!, 1. K: f2? Tc2†/b1D!
1. g7! (2. g8D†) T: g7† 2. K: f2 (3. Lc4‡) Tc7 3. Lg2‡.
In den folgenden Beispielen wird der Gedanke weiter variiert.

Schach-Expreß 1947

7a Matt in 3 Zügen

7a 1. Sb8? (2. Sc6‡) Sb4!
1. Tg8! (2. Tg5†/T: g4!) T: g8† 2. Sb8 (3. d4‡) Tg4 3. Sc6‡.

Weltspiegel 6. 4. 1947

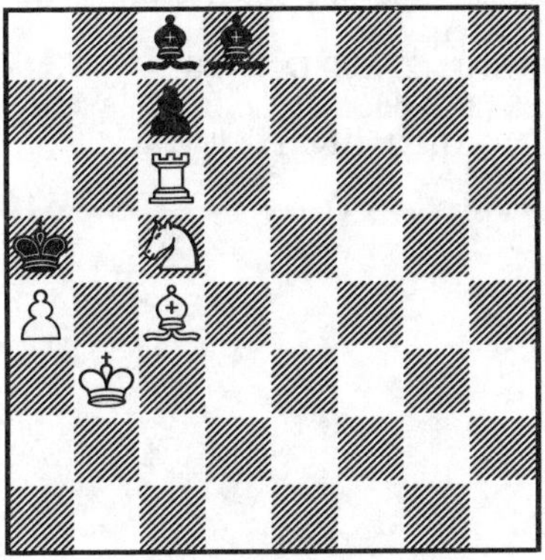

5 Matt in 3 Zügen

Chess 1947

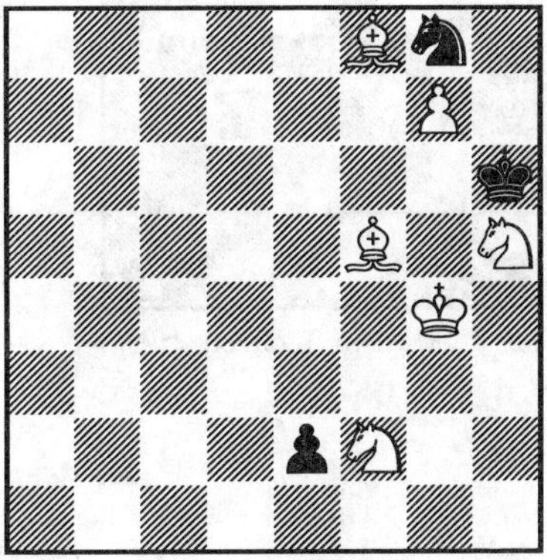

6 Matt in 3 Zügen

Schachspiegel 1947
Informal-Ringturnier
3. Ehrende Erwähnung

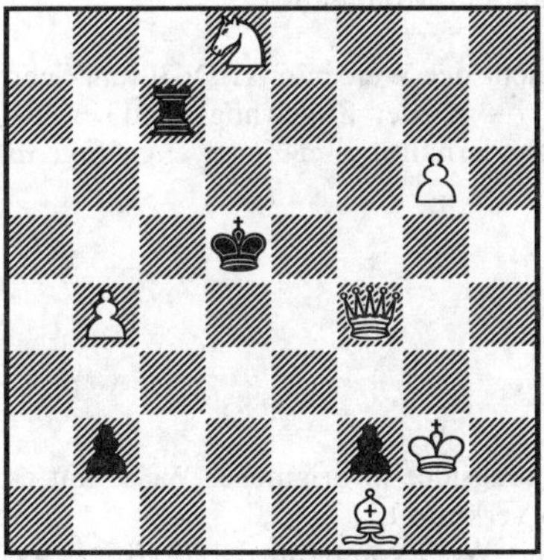

7 Matt in 3 Zügen

Schach-Expreß 1947

7b Matt in 3 Zügen

7b 1. Kb8? (2. Sb7‡) D: a4!
1. Se3! (2. c5‡) T: e3† 2. Kb8 (3. f8D‡) Tf3 3. Sb7‡.
Beachtlich sind die interessanten Auswahlfehlversuche
1. Sf6/Sf4!? (2. c5/f8D‡) T: S†!
2. Kb8 (3. ?) oder
1. Se7? Tc3†! 2. Kb8 T: c4!

8 Gestatten Sie uns mit diesem Stück einen kurzen Abstecher in andere Gefilde. Ganz auf Rätsel angelegt, zeigt es das genaue Gegenteil einer Beschäftigung, kann aber dennoch nicht verhehlen, daß es dem Experiment mit den Elementen der Beschäftigungslenkung (der Niederhaltung schwarzen Spiels) entsprang. Das Lösungsschema entspricht dem der vorangegangenen Aufgaben. Haben wir dort den Schwarzen durch fortwährende Drohung in Scheingefechte verwickelt, reduzieren wir hier seine Aktivitäten durch andauernden Zugzwang auf ein Minimum.

1. Ka3? (2. b4‡) S: b2!

Auf leisen Sohlen schleicht der Weiße an: 1. Dd3! (ein Schritt – Zugzwang) c4† 2. Ka3 (noch ein Schritt – wieder Zugzwang) c: d3 3. b4‡. Nach Grasemann ein Versuch, das Motiv der Niederhaltung im Zugzwanggefüge darzustellen.

9 Hier ist die Beschäftigungsidee in origineller Weise mit einem Bahnungseffekt und Brunners Wechseltürmen verknüpft.

Der eigene Turm hindert Weiß vorerst an Db6‡. Ihn bescheiden und still auf der c-Linie wegzuziehen, stellt Schwarz vor keine Verteidigungsprobleme (z. B. 1. ... Th6!).

1. Tac5! (2. Tb6† 3. Db3‡) Tah1 2. T: a6 (3. D: a2‡ – die Türme haben ihre Rollen getauscht, Schwarz muß seine Ausgangsstellung wieder einnehmen) 2. ... Ta1 3. Db6‡. Der Verzicht auf die effektvolle Schachprovokation der vorangegangenen Fassungen unterstreicht hier die subtile Strategie.

Schweizerische Illustrierte
Zeitung 20. 8. 1947
(V.)

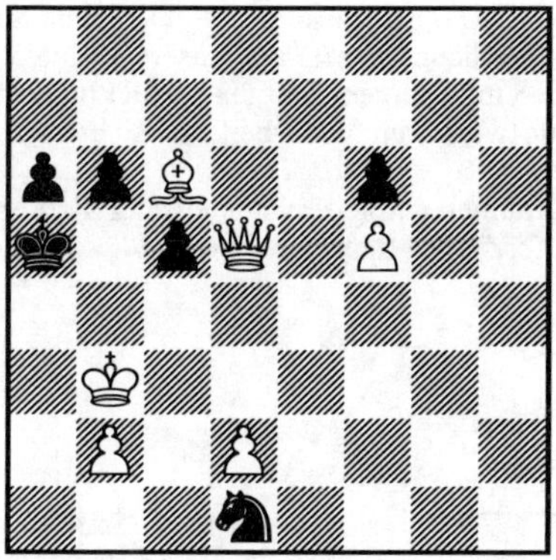

8 Matt in 3 Zügen

Schach-Expreß 1947

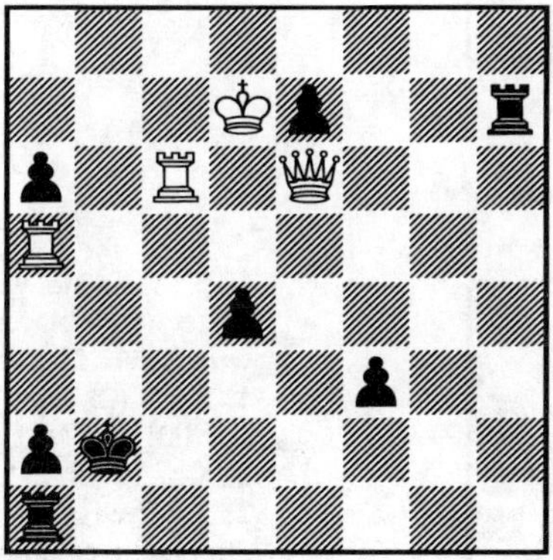

9 Matt in 3 Zügen

10 1. Ke4? (2. De3‡) Ld2!
1. Kd4! (2. Da6/Dc5‡) Lf2† 2. Ke4 (3. Da5‡) Le1 3. De3‡.
Die eindrucksvolle dreizügige Miniaturform der Beschäftigungslenkung!

„Man pflegt eine solche Aufgabe, hier eine unvergängliche Miniatur, einen glücklichen Fund zu nennen! Sehr zu Unrecht: Solche Probleme sind kein Fund, sie sind ausgefeilteste erarbeitete Schachkunst." (Dr. A. Kraemer – Deutsche Schachhefte 12/50)

Genauso ist es! Wenn Sie, lieber Leser, auf unsere kleine, nicht einmal vollständige Zusammenstellung zu diesem Themenkomplex zurückblicken, bekommen Sie sicher einen Eindruck von der notwendigen Vorarbeit, die sich hinter einem formvollendeten Stück wie diesem verbirgt.

Ein Könner wie Dr. Kraemer wußte das aus eigener Erfahrung. Wieviel Fleißarbeit mochte wohl in seinem Vierzüger gesteckt haben?

Dr. A. Kraemer
Die Welt 1949
Informal-Ringturnier, 6. Preis
H. Klüver gewidmet

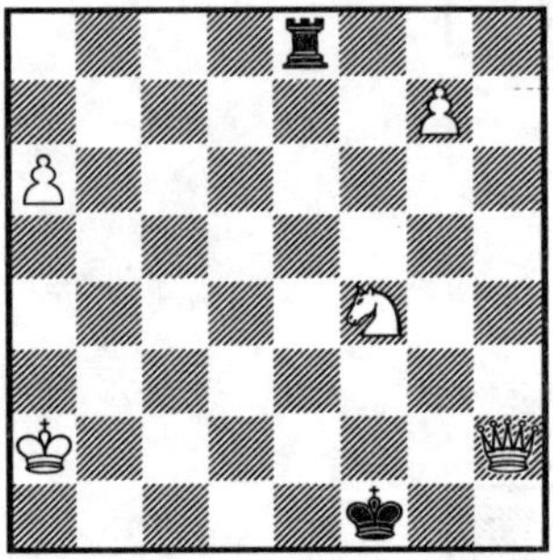

10a Matt in 4 Zügen

10a 1. Sd3? (2. Df2‡) Tf8? 2. g: f8D‡,
1. ... Te2†! (2. Dh1‡?)
Beliebige Evakuierungszüge des weißen Königs sind natürlich zu langsam. Schwarz muß in bekannter Manier beschäftigt werden.
1. Kb2! (2. Dg2† Ke1 3. Dg1† Kd2 4. Dc1‡)
1. ... Tb8† 2. Ka3! Te8 3. Sd3 Te2 4. Dh1‡.

Lippische Landeszeitung
5. 11. 1949

10b Matt in 3 Zügen

10b Reizend wirkt die Nr. 10b in ihrer bestechend klaren Form. Mit ihr wollen wir diesen Themenkreis vorerst schließen.
1. Kg7? (2. Th8‡) e3! 2. L: e3? b1D!,
1. c8D! (2. Df5‡) T: c8
2. Kg7 (3. T: e5‡) Tc5 3. Th8‡,
2. ... T: e8 3. f: e8D‡.
Hier geht es einmal dezent ohne Schachprovokation zu.

Begriffsbestimmung

So umschrieb Dr. Kleinholz in Buer
den Begriff der Demi-Miniatur:
„Im Höchstfall vier Steine,
Ideen möglichst keine."
Er ging ein in die Literatur.

Schach-Expreß 1947
(V.)

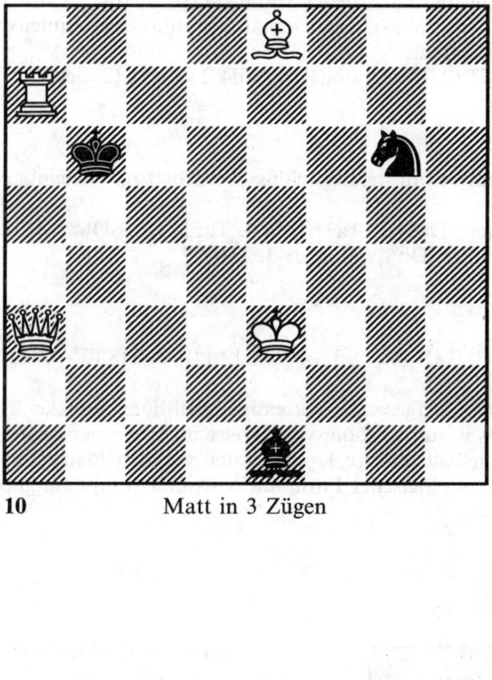

10 Matt in 3 Zügen

11 1. Dh1! (2. Sd2‡) D: g6 2. Sd3‡. Schwarz verteidigt durch Entblockung des Feldes c2, öffnet jedoch die Turmlinie nach a2. Verteidigt er hingegen fortgesetzt mit 1. ... De4/Df5, um 2. Sd3†? mit De/f1 beantworten zu können, verstellt er eigene Verteidigungslinien: 1. ... De4 2. Sc5‡, 1. ... Df5 2. Sd4‡.

12 Blickt die weiße Dame mit Stielaugen auf c2 (z. B. 1. Db2?, drohend 2. Dc2‡), kann Schwarz leicht parieren: 1. ... Tc1!. Schlägt sie den Blick verschämt zur Seite, siegt sie mit weiblicher List. 1. Df2! (2. D: e3‡) S bel. (Primärverteidigung) 2. De2‡, wonach unser Ursprungsmatt wieder auftaucht. Verteidigt Schwarz sekundär (2. Grades), ergibt sich dem Java-Thema gemäß ein hübsches Linienverstellungsspiel mit Dualvermeidungseffekten:

1. ... Sc3 2. Sec5‡ (2. Sbc5?) und 1. ... Sd4 2. Sbc5‡ (2. Sec5?).

13 Der spektakuläre Entfesselungsschlüssel eröffnet nur scheinbar wirksames Gegenspiel.

1. Te3! (Zugzwang) Da1† 2. Ta3† Dd4 3. Ta5‡, 1. ... Dh8† 2. Te8† Dd4 3. Tc8‡, 1. ... d5 2. Te6 D: f2 3. Db6‡, 2. ... c3 3. Tc6‡.

14 1. Sg5! (2. Sf7!) Te1! (1. ... T bel.? 2. Lb1†!) 2. Tf8 (3. T: f6‡) Se2! (2. ... S bel.? 3. Tf4‡) 3. L: e6‡.

Zwei konsekutive fortgesetzte Verteidigungen! Die aktuelle Thematik damaligen Zweizügerschaffens ist auf wirkungsvolle Weise im Dreizüger zu steigern. Das originelle Stück rief natürlich bald andere Komponisten auf den Plan. Hartong bewältigte das Thema sogar in streng logischer Form mit Vor- und Hauptplangliederung.

J. Hartong
Probleemblad 1949

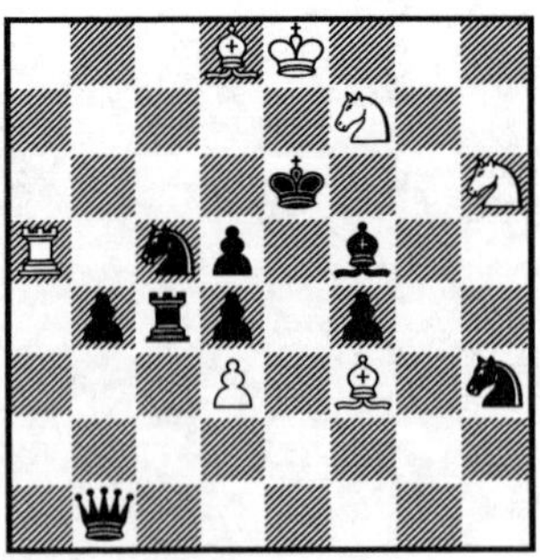

14a Matt in 3 Zügen

14a 1. Tb5? (2. Tb6‡) Se4! (1. ... S bel.? 2. L: d5‡)
1. Le7! (2. Sd8† Ke5 3. Shf7‡) L: d3! (1. ... L bel.? 2. Lg4† Lf5 3. L: f5‡)
2. Tb5 Se4 3. Lg4‡.

Chess 1947

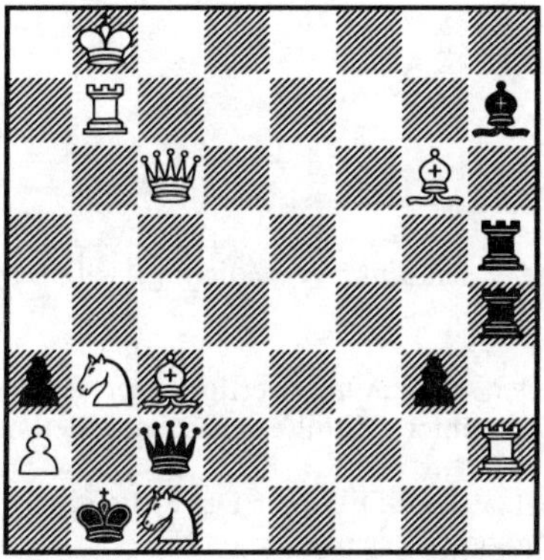

11 Matt in 2 Zügen

Revista Romana de Sah 1947
C. C. Gavrilov-Memorial
4. Ehrende Erwähnung

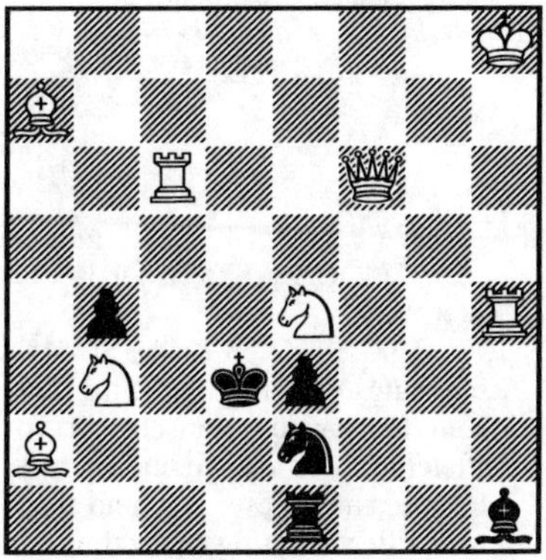

12 Matt in 2 Zügen

mit *Wilhelm Großer*
Schach-Expreß 1947

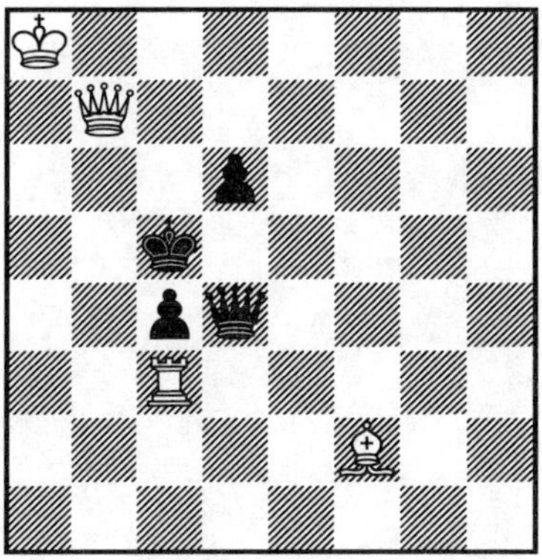

13 Matt in 3 Zügen

Revista Romana de Sah 1947
(V.)

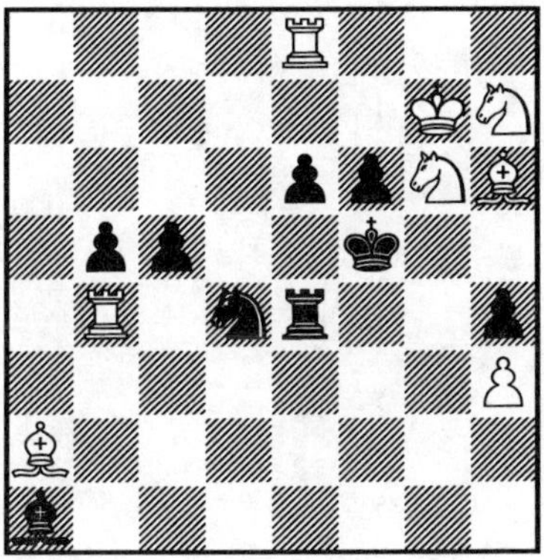

14 Matt in 3 Zügen

Dreizügers Klagelied

Wer die Dehnsucht kennt, weiß was ich leide.
Herrscht doch leider der Trend, den ich meide:
Dünngewalzte Ideen,
Züge sechs, acht, neun, zehn!
Mini-Inhalt im Maxilook-Kleide.

15 1. c4? (2. De3‡) Lb6! (= gute Verteidigung)

1. Kg7! (2. Lg2† Kf5 3. Dh3‡) Td4 2. c4 b: c3 (= schlechte Verteidigung) 3. Db7‡ (Mustermatt!)

1. ... Tg8† 2. K: g8 Kd4 3. Dc4‡.

Eine gute Verteidigung wird vorplanmäßig gegen eine minderwertige (hier: einer anderen Figur) ausgetauscht, in vorliegender Form unter Mithilfe eines besonderen Schaltsteines, des schwarzen Turmes.

Mechanismen dieser Art sind nach ihrem Entdecker, dem Dresdner Dr. F. Palitzsch, unter der Bezeichnung „Dresdner" in die Terminologie eingegangen.

„An dieser Darstellung eines Hilfsstein-Dresdners interessierte mich das ungewohnte Bild der waagerechten Fesselung eines en-passant-Schlägers. Der Sh8 könnte ohne weiteres fehlen, er steht nur da, um den Schlüsselzug zu verschleiern."
(H. G. – Deutsche Schachblätter 10/77)

Schach-Expreß 1947
H. Henneberger gewidmet

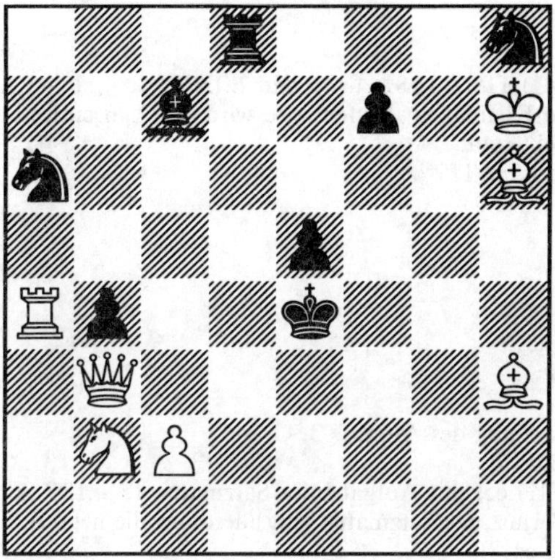

15 Matt in 3 Zügen

16 Der Bilderbuch-Schlüssel 1. Lf7! (2. Lg6‡) leitet zwei sehenswerte Kreuzschach-Varianten ein.

1. … Kf5† 2. Tf3‡ und 1. … Kf4† 2. Ld5‡, 1. … Le8 2. Ld5‡.

1. Lg8? Ta7!

Ein ansprechender Meredith (12 Steine), mit leichter Hand auf's Brett gezaubert.

17 1. Kh7! (2. Le4‡) Tf5 2. Le8‡, 1. … Td5 2. Dc7‡, 1. … T: g6 2. T: g6‡.

Eine liebenswerte Kleinigkeit. Stufenweise wird der Lg6 entfesselt. Erst direkt und partiell, dann indirekt total.

1. Kh8? Lc3†!, 1. Kf8? Tf5†!

18 Die erste Darstellung des Angriffs 3. Grades!

Satz 1. … e5 2. D: f5‡.

1. Sd bel. (2. Df4‡) e5! mit Aufgabe des Satzmatts. 1. S: f5!? (2. Df4‡) e5? 2. Sg3‡ kompensiert den Verlust des Satzmatts, gibt allerdings die neue Blöße

1. … Db8! (2. D: c4‡?)

1. Sde2!! e5 2. Sg3‡ (kompensiert D: f5), 1. … Db8 2. Sc3‡ (kompensiert D: c4)

„Das ist logisch-neudeutsch betrachtet eine klare Staffelung von Vorplänen. Warum, bitte sehr, sollte das logisch organisierte Schachproblem erst beim Dreizüger anfangen, wie immer und überall behauptet wird?“
(H. G. – Deutsche Schachblätter 12/77)

19 Noch ein Angriff 3. Grades:

Satz 1. … f: g3 2. Tf1‡.

1. Sc bel.? (2. Sd6‡) f: g3!,

1. Se4!? f: g3? 2. S: g3‡, aber 1. … Sd4! (2. Te5‡?)

1. Se2!! f: g3 2. S: g3‡, 1. … Sd4 2. S: d4‡.

Deutsche Schachblätter 1948
Informal-Ringturnier
Lob

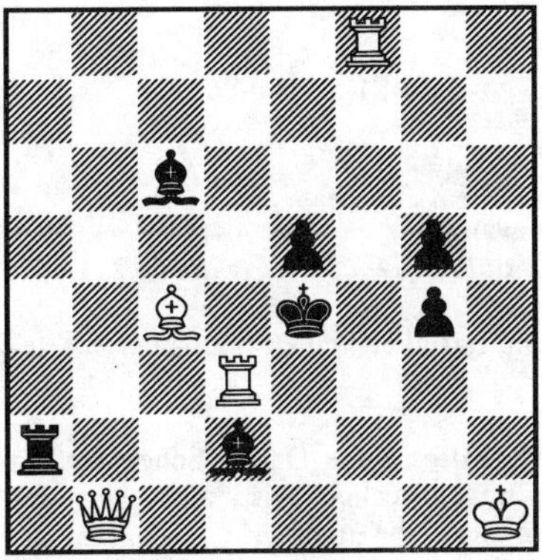

16 Matt in 2 Zügen

Schweizerische Schachzeitung 1948

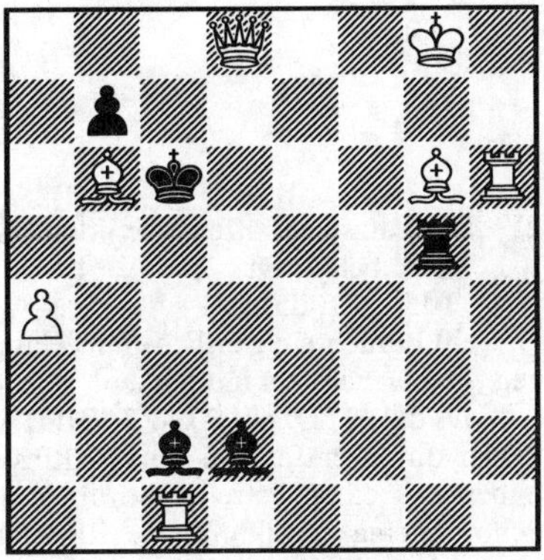

17 Matt in 2 Zügen

Die Schwalbe 1948
Informal-Ringturnier
4.–5. Ehrende Erwähnung

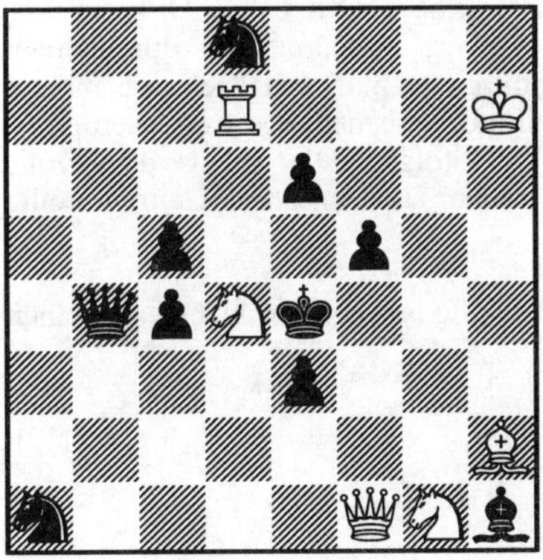

18 Matt in 2 Zügen

Parallèle 50, 1948
(V.)

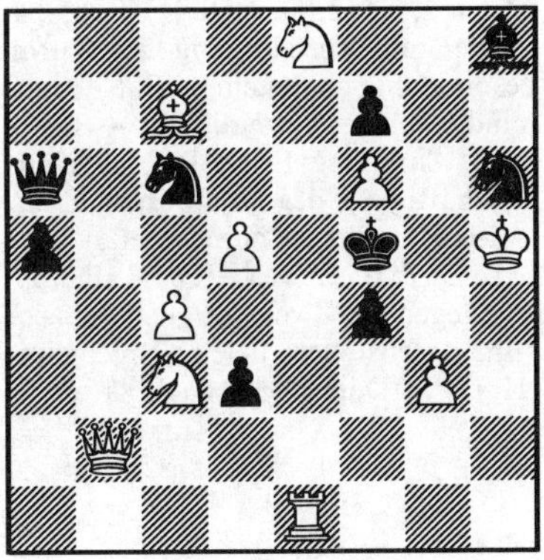

19 Matt in 2 Zügen

20 1. Dd2! (Zugzwang), 1. ... L bel. 2. D: b4‡, daher 1. ... L: d3/5 2. S: b5‡, 1. ... Sb/c bel. 2. Df2‡, daher 1. ... Sb/c: d3 2. Lc3/Lb6‡.

Die Sekundärparaden beinhalten Selbstfesselungen, die Schwarz in Erwartung direkter Entfesselungen eingeht. Eine eigenwillige, auf Zugzwang beruhende Darstellung des Nietvelt-Themas (vergl. Nr. 84).

21 Die Satzspiele offenbaren den schwarzen Zugzwang:

1. ... Tc bel. 2. D: c2‡, 1. ... Lb7 2. S: e7‡, 1. ... d6/5 2. D: c8‡, 1. ... T: f5 2. Ld6‡, 1. ... Td5 2. D: d5‡.

Weiß bräuchte eigentlich nur gelassen abzuwarten, hat aber keinen neutralen Wartezug. Daher heißt es umdenken!

1. D: d7! (2. D: c8‡) Te6 2. Dd5‡.

Der direkt entfesselte Turm entfesselt indirekt die entfesselnde Dame. Sehen Sie, da haben wir einen astreinen problemschachlichen Zungenbrecher! Also einfacher: das Schor-Thema. Vollkommene Ratlosigkeit? Trösten Sie sich, auch H. G. schätzte die Nomenklatur gering! Ein aufmerksamer Blick auf's Diagramm reicht vollauf zum Verständnis!

1. ... Lb7 2. Dd6‡ bzw. 1. ... Te4† 2. S: e4‡, 1. Sg7? d5!

22 1. Df8? (2. Da3/Db4‡) T: b5!, 1. Df3! (2. Da3‡) a: b5 2. Df8 Ta8 3. D: a8‡.

Die gute Verteidigung des Turmes – T: b5 – wird vorplanmäßig durch einen besonderen Schaltstein – Ba6 – ausgeschaltet, wodurch der Turm zugleich eine andere, minderwertige Verteidigung – Ta8 – erhält. Schaltmechanismen dieser Art werden – einer Anregung Erich Brunners aus dem Jahre 1935 folgend, der die verdienstvolle Beschäftigung des Hamburger Franz Palatz mit diesem Themenkomplex ehren wollte – als Hamburger bezeichnet.

1. ... T: b5 2. Ta1† Kb4 3. Da3‡.

„Gegen die Zweideutigkeit 1. ... c3 2. De/g4† im völlig belanglosen Nebenspiel einen sBh5 aufzustellen, fiele mir nicht im Traum ein."
(H. G. – Deutsche Schachblätter 12/72)

23 1. Kf2? (2. Sg3‡) T: b2!

1. Dh6! (2. D: h2‡) Sf5† 2. Kf2 (3. Dc6‡) S: h6 3. Sg3‡.

Noch eine Beschäftigungslenkung mit Drohwechsel und Schachprovokation. Erinnern Sie sich der Nr. 5–7, 9, 10? (Vergl. auch Nr. 101)

Parallèle 50, 1948
1. Ehrende Erwähnung

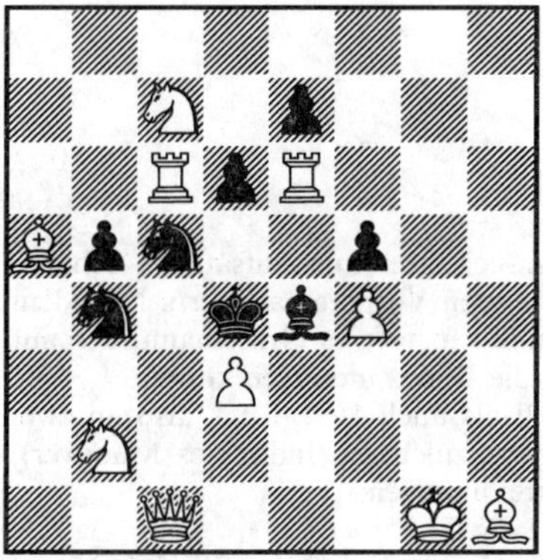

20 Matt in 2 Zügen

Chess 1948

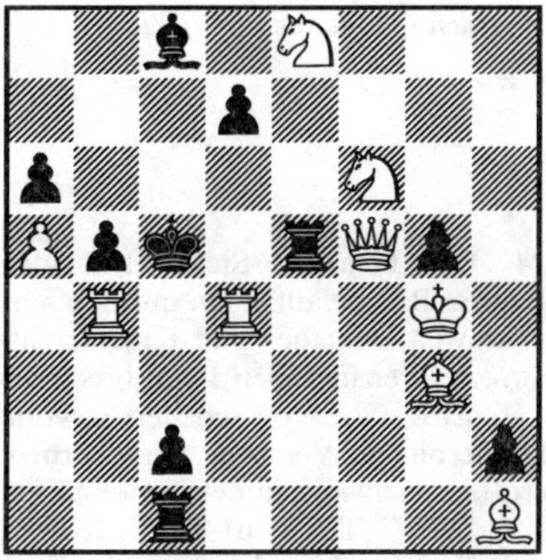

21 Matt in 2 Zügen

Chess 1948

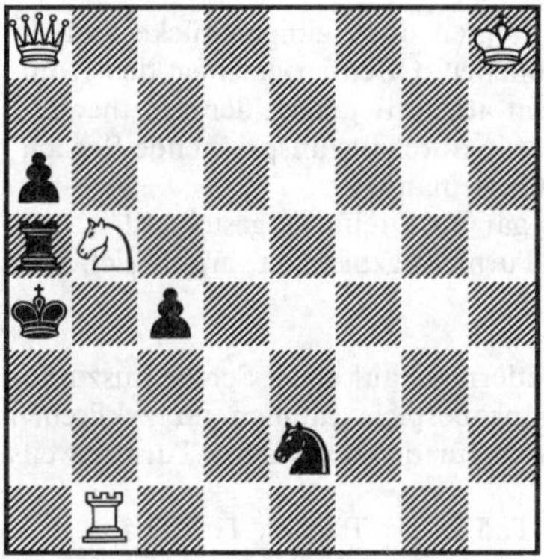

22 Matt in 3 Zügen

Schachmagazin 1948
2. Ehrende Erwähnung

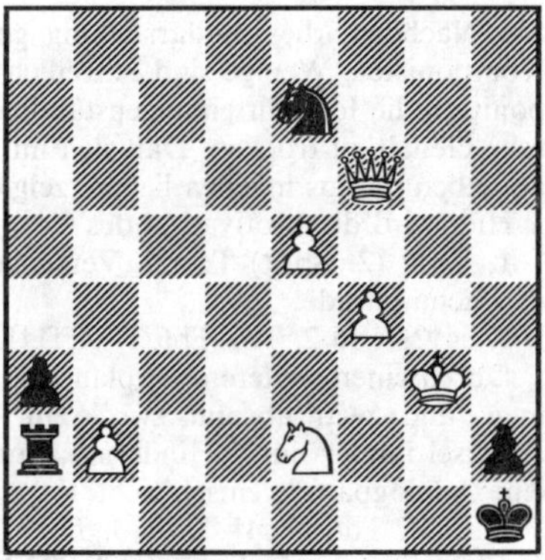

23 Matt in 3 Zügen

Nicht so einfach

Will man Einblick dem Schachfreund aus Mähren
in die Neudeutsche Schule gewähren,
heißt es bannig auf Deck sein
und ganz logisch und zweckrein
erst den Ökonomiebegriff klären.

24 1948 benötigte Stefan Schneider für seinen Zweckökonomie-Aufsatz im Schach-Expreß Beispielaufgaben mit doppelzweckigen indirekten Vorplanmanövern. Nachdem Asse wie Schneider und Kraemer hatten passen müssen, war es Grasemann, der mit diesem Dreizüger den Bann brach und die Idee in die Praxis umsetzen konnte.

1. Lb1? (2. Sb3‡) scheitert sowohl an 1. ... Te3! als auch 1. ... Te5!, also an zwei Hindernissen. Versuche, den Turm vorplanmäßig wegzulenken (indirektes Manöver), eröffnen Schwarz in den Probespielen analoge Verteidigungen:

1. Df2? T: f2 2. Lb1 T: f3!, 1. Dg2? T: g2 2. Lb1 Tg7!

1. Dh2! verfolgt demnach gleich zwei Zwecke. Die Eindeutigkeit des Schlüssels leitet sich aber ausschließlich aus dem logischen Zusammenwirken der beiden Zwecke her, wie die Probespiele erhellen. Die Zweckreinheit ist somit gewahrt. Eine in der Form zwar spröde, aber theoretisch außerordentlich bedeutsame Aufgabe.

25 Nachdem die Erstdarstellung geglückt war, folgten auch einige Stücke anderer Komponisten. Wenige sind es freilich bis heute geblieben. Offenbar erschien den Komponisten die Idee für ein eigenständiges Thema nicht attraktiv genug, der rein theoretische Gehalt zu trocken. Daß sich mit etwas Phantasie durchaus ansprechende Schachaufgaben daraus machen ließen, zeigte wiederum Grasemann.

Hier wird die Motivation des Vorplanmanövers gar ins Dreifache gesteigert!

1. Tb2? (2. Sb3‡) T: a3!. Versuchen wir, den Turm wegzulenken, ergibt sich eine dreifache Parade:

1. c4†? T: f6 2. Tb2 Tb6/Tf3/Tf1†!.

Durch einen weiteren Vorplan sind mithin 3 Hindernisse auf einen Schlag auszuräumen, und zwar absolut zweckrein. Die Auswahlprobespiele räumen im zyklischen Wechsel immer nur 2 Hindernisse aus, während sich für den schwarzen Turm jeweils eine Analogparade einschleicht.

1. Ld4!? Td6 2. c4† T: d4 3. Tb2 Td3!, 1. Le5!? Ta5 2. c4† T: e5 3. Tb2 Tb5!, 1. Lh8!? Ta8 2. c4† T: h8 3. Tb2 Th1†!.

Deshalb geht allein 1. Lg7!!.

„Eine sehr hübsche und sparsame Darstellung eines dreifach motivierten Vorplans. Nach St. Schneider eine Übertragung der relativen Zweckreinheit von der direkten Kombination auf die indirekte Kombination.“
(Preisrichter C. Eckhardt und H. Rosenkilde)

Schach-Expreß 1948

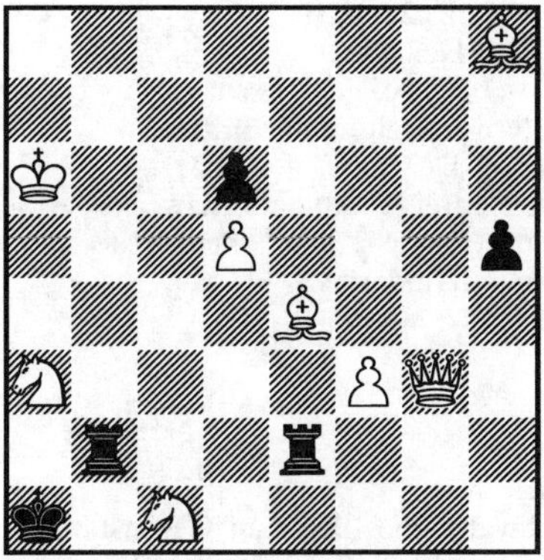

24 Matt in 3 Zügen

Schach-Expreß 1948
Informal-Ringturnier
11. Preis

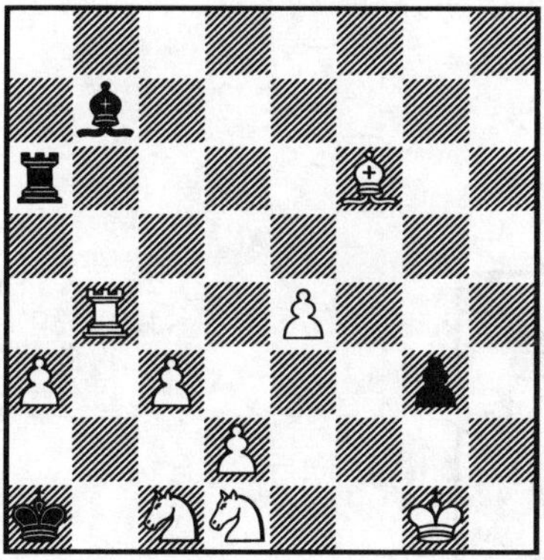

25 Matt in 4 Zügen

26 Hier geht der Inhalt in einer glücklichen Form auf, der ganz und gar nichts Starres mehr anhaftet. Das ist (Problem-) Kunst: gelungene Synthese von Herz und Verstand! Die wohl künstlerisch reifste Form der Idee der Nr. 24 und 25, dazu mit optimalem Schlüssel.

1. b3†? T: d4 2. Dc2 (3. Da2‡) Th4†/Td2/Ta4!

1. Le5? Td5 2. b3† T: e5 3. Dc2 Th5†!,

1. Lf6? Td6 2. b3† T: f6 3. Dc2 Tf2!,

1. Lg7? Td7 2. b3† T: g7 3. Dc2 Ta7!, schalten in bekannter Weise jeweils nur 2 Verteidigungen aus, scheitern jedoch an der dritten.

1. Lh8! Lf7 2. b3† T: h8 3. Dc2 L: b3 4. S: b3‡.

Obwohl der Vorplan gleich drei Kombinationszwecke verfolgt, verstößt er nicht gegen das neudeutsche Gebot der Zweckreinheit; denn jedes der drei Auswahlprobespiele scheitert immer nur an einem Hindernis.

Erst 1956 machte die Schwalbe die Idee zum Gegenstand eines Thema-Turniers. Die Ausschreibung forderte „logische Kombinationen, bei denen der Vorplan aus einem indirekten Manöver besteht, das zumindest zwei Zwecke verfolgt, und die Zweckreinheit durch Probespiele dargetan ist". Das Turnier endete als Reinfall. Wie Preisrichter J. Halumbirek urteilte, sei von lediglich fünf Einsendungen die unter dem Verfasserpseudonym Arne Mangs eingesandte Aufgabe (Nr. 26a) die einzige gewesen, die es verdiente, gedruckt zu werden. Immerhin erachtete sie J. Breuer Jahrzehnte später der Aufnahme in sein Buch „Beispiele zur Ideengeschichte des Schachproblems" (1982) als Beispiel für ein zweckreines mehrzweckiges indirektes Manöver für würdig.

Die Schwalbe 1959
126. Thema-Turnier

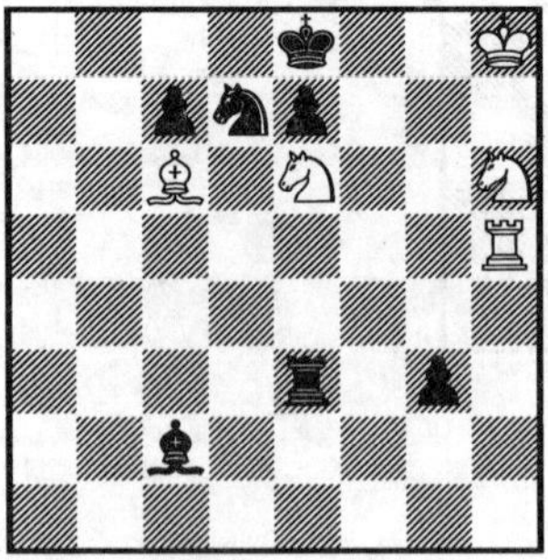

26a Matt in 3 Zügen

26a 1. Td5? (2. L: d7‡) T: e6/La4!
1. Ta5? Ta3 2. Td5 La4!,
1. Tg5? Lh7 2. Td5 T: e6!
1. Tb5! Tb3 2. Td5!

Parallèle 50, 1948

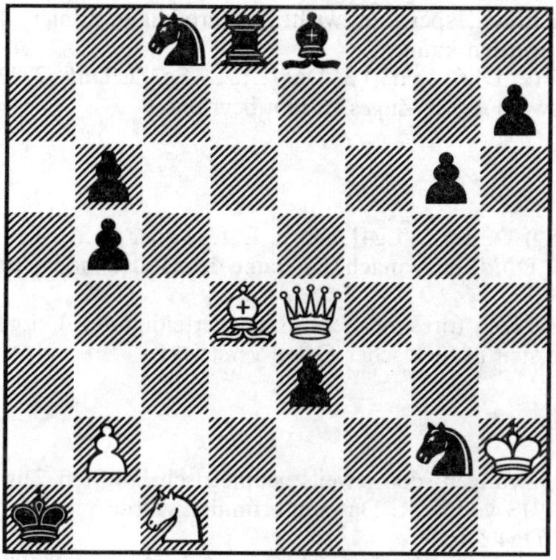

26 Matt in 4 Zügen

West-östlicher Diwan

Da gab's mal 'nen Scheich namens Achmed,
der war nur verliebt in sein Schachbrett.
Und so kam's, daß statt seiner
ein gewisser Herr Steiner
im Harem sehr hoch ward g8 et.

27 1. Kg8!! Vollendet die Zugzwangstellung. Trabt der Sh1 nunmehr aus dem Stall, egal in welche Richtung, sperrt er wichtige Verteidigungslinien des Tb2, der dann schadlos entfesselt werden kann.

1. ... Sf2 2. Dg5 (2. Dh6? S: d3!) 3. Da5‡, 1. ... Sg3 2. Dh6 (2. Dg5? Sf5!) 3. Da6‡. Die richtige Auswahl des 2. Zuges ist fein begründet.

28 1. Sh7? (2. Sf8‡) D: h7? 2. Lg4† Df5 3. L: f5‡, aber 1. ... c4!, 1. Sc3! (2. L: c6† 3. Db/d5‡), wonach die Dame des Hauses höchstpersönlich eingreifen muß.

1. ... Dc4 2. Sh7 Ke6 (dresdnerische Ersatzverteidigung) 3. Lg4‡, was ihr freilich nichts nutzt, da sie sich in tückischer Fessel verstrickt.

29 Schwarz ist gezwungen, den jeweils geometrisch längsten Zug auszuführen. Eine Aufgabenart, die 1913 von T. R. Dawson erfunden wurde.

1. Dc4! Ld1† 2. Dg4 Dh1‡.

„Eine ad hoc gebaute Kleinigkeit." (H. G. – Schach-Expreß 1949, S. 12)

30 Grasemanns einzige Retro-Aufgabe. 1. Sd4‡ (?) sieht gut aus, geht aber nicht, weil Schwarz keinen letzten Zug hat (0. ... Bb3: Da2?, denn woher soll die weiße Dame gekommen sein?). Demnach muß Schwarz anziehen, was exakt der Konvention entspricht („Weiß ist am Zuge, es sei denn, daß Schwarz aus retroanalytischen Gründen am Zuge sein muß.") und schon öfter für Scherzaufgaben genutzt worden ist. Der schwarze Anzug ergibt zwei Varianten mit erzwungener Linienöffnung:

1. f: e6 Lg6‡ (?) und 1. d: e6 La4‡ (?) sieht noch besser aus, ist aber ebenfalls nicht möglich, weil die Stellung illegal ist. Der Le8 kann allenfalls durch Umwandlung aus einem 9. Bauern entstanden sein.

Vor der Lösung muß also erst einmal die Stellung „legalisiert" werden, und zwar selbstverständlich mit dem geringstmöglichen Eingriff. Deshalb wird nicht brutal ein beliebiger Stein vom Brett genommen, sondern nur das Brett behutsam gedreht, bis es bei 180° eine legale Stellung vorweist. Nun löst die hübsche Unterverwandlung 1. d8S‡. „Sie ist ... eine echte Fieberphantasie, komponiert 1947 bei 25° minus Außen- und 39,5° Körpertemperatur." (H. G. – Schach 1957, S. 92)

Schachmagazin 1948
2.–3. Preis

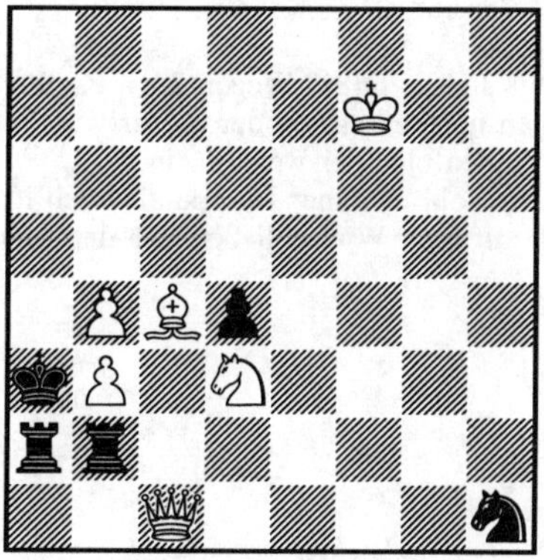

27 Matt in 3 Zügen

Revista Romana de Sah 1948

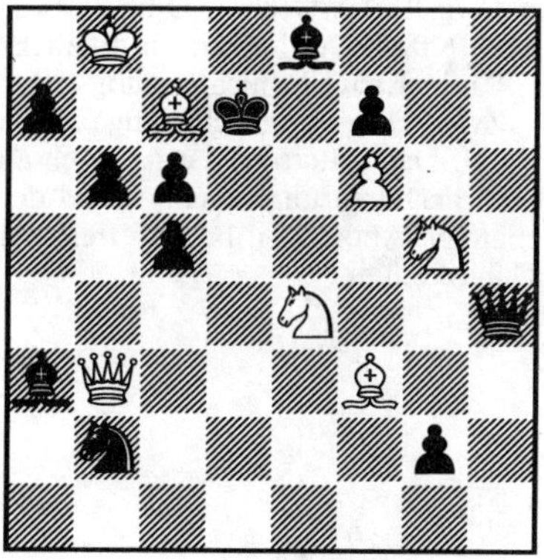

28 Matt in 3 Zügen

Schach-Expreß 1948

29 Selbstmatt in 2 Zügen,
Längstzüger

Deutsche Schachblätter 1948
Informal-Ringturnier
Lob

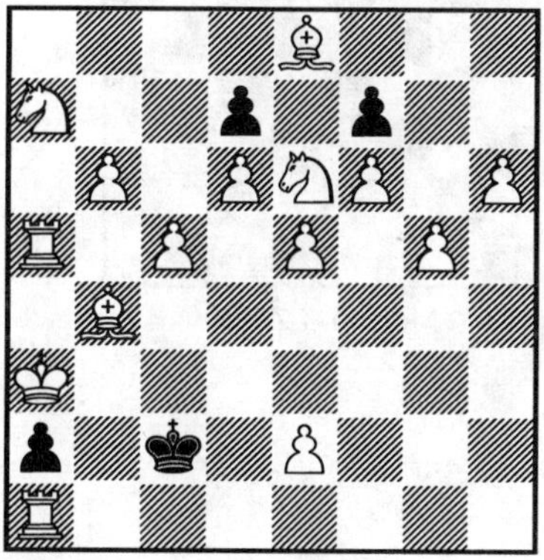

30 Matt in 1 Zug

31 Um den „hängenden" Le6 braucht Weiß nicht zu bangen!

1. ... K: e6? 2. De8‡. Demnach verfolgt der Schlüssel

1. Dg8! (2. Df7† Kd8 3. Dd7/Lc7/Lf6‡) ganz andere Zwecke, nämlich die Blocklenkung des schwarzen Läufers. (Daß zusätzlich e6 überdeckt wird, bringt der Zufall mit sich.)

1. ... Lh5 2. Dc8! (3. Dd7†) Le8 3. Dd8†! K: d8 4. Lf6‡, 3. ... K: e6 4. D: e8‡, 3. ... Kf8 4. Dd6‡ endet im dreifachen Mustermatt.

Und wieso geht nicht analog 1. Dc8!? La4 2. Dg8 Le8 3. Df8†? Wegen 3. ... K: f8! Zwei scheinbar gleichwertige römische Lenkungen nach e8 stellen den Löser vor die Wahl. Der Unterschied ergibt sich allein aus der Reihenfolge der weißen Züge.

In der Ursprungsfassung stand der Sg3 auf h4. Sowohl in seiner Mappe als auch in späteren Abdrucken bringt Grasemann das Stück mit Sg3. Wir schließen uns dem im Diagramm an.

Der Weltspiegel 14. 12. 1946

31 a Matt in 3 Zügen

31 a Die Vorstufe zum Vierzüger ist zugleich H. G.'s erste Nachkriegsaufgabe. (Vergl. Text zu Nr. 1 a)

1. Db8! (2. Dc7† Ke8 3. Lf7‡)

1. ... Ld8 2. Dc8† K: c8 3. Le6‡,

2. ... K: d6 3. D: d8‡.

Schach-Expreß 1948
Informal-Ringturnier 6. Preis
Stefan Schneider gewidmet

31 Matt in 4 Zügen

32 1. S bel.? (2. D: e4‡) Se bel.? 2. Dc5‡, aber 1. ... Sc3!.
1. Se3! Sc3 2. Sc2‡.

33 1. Dc6! (2. D: c2‡) Sc bel. (primär) 2. Td2‡, 1. ... Sc: e3 (sekundär) 2. Sf2‡ (2. Sb2†?), 1. ... Sg bel. (primär) 2. Td2‡, 1. ... Sg: e3 (sekundär) 2. Sb2‡ (2. Sf2†?).
1. ... d: e3 2. Dc3‡ bzw. 1. ... Lc5 2. D: a6‡

34 1. Se2! (2. S: d4‡). Auf beliebigen Wegzug des Td4 folgt jetzt 2. Se7‡, daher 1. ... Tc4 2. d: c4‡, 1. ... Te4 2. d: e4‡, 1. ... Tf4 2. S: e3‡, 1. ... T: d5† 2. D: d5‡.

35 1. Db2? (2. Db8‡) Tc3!, 1. Dg2! (2. Da8‡) Te4 2. Db2 Tc4 3. Dh8‡.
Ein opferloser Weglenkungsrömer in einfachster, ja unscheinbarer Form. Die Urform (Nr. 35 a) und die Nr. 35 b zeigen den langen Weg zur überaus klaren und reinen Darstellung des Themas in der Nr. 35.

E. Altman
Akademische Monatshefte
für Schach 1911

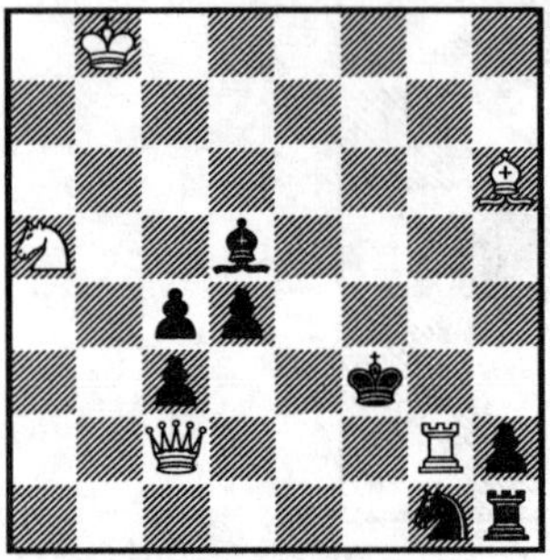

35 a Matt in 3 Zügen

35 a 1. Dg6? (2. Dg4‡) Le6!, 1. Sb7! (2. Sc5/Sd6 3. Df2‡)
1. ... L: b7 2. Dg6 Lc8 3. Dc6‡, 1. ... d3 2. Df2† Ke4 3. Df4‡.

Die Schwalbe 1948
Informal-Ringturnier
Lob

35b Matt in 3 Zügen

35 b 1. Ka8? (2. b8S‡) Ld5!, 1. Df1! (2. D: c4‡) L: f1 2. Ka8 Lg2 3. Lb5‡.
1. ... Sb2 2. D: a1† Sa4 3. D: a4‡,
1. ... Sd3/Se2 2. Df6†!,
1. ... e2 2. Dg1! (3. Da7/Db6‡),
2. ... Sf2 3. D: a1‡, 2. ... Dd4 3. Ta5‡.
Wer voreilig an dem etwas groben Schlüssel Anstoß nahm, wurde sicher durch die schöne Rückkehr der Dame nach g1 in der Schlußvariante versöhnt.

Revista Romana de Sah 1949

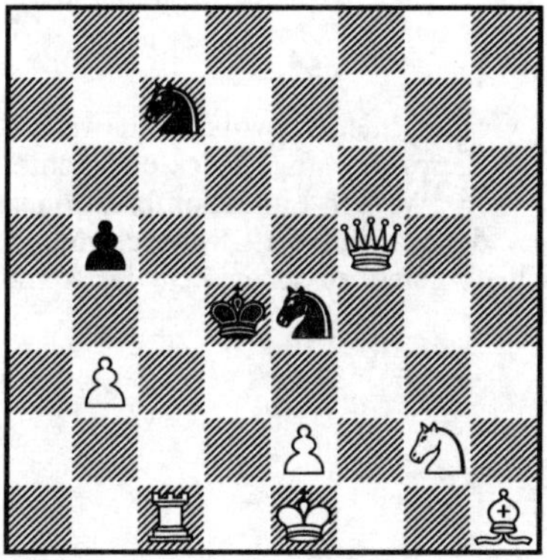

32 Matt in 2 Zügen

L'Italia Scacchistica 1949

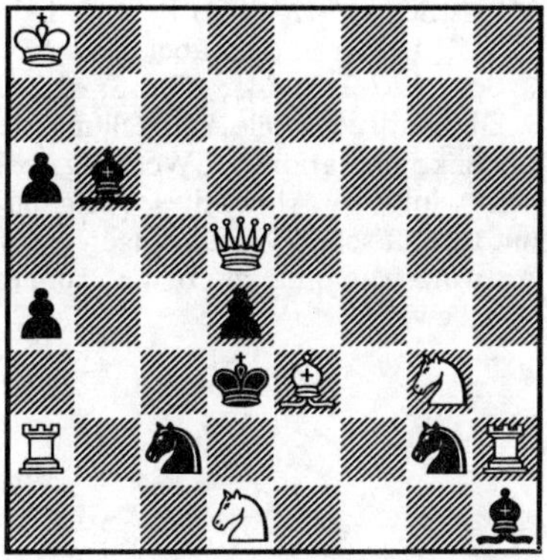

33 Matt in 2 Zügen

Chess 1949

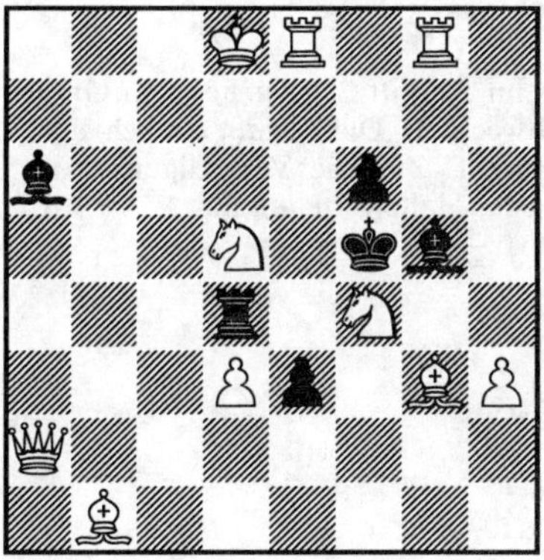

34 Matt in 2 Zügen

Der Rundfunk 23. 1. 1949

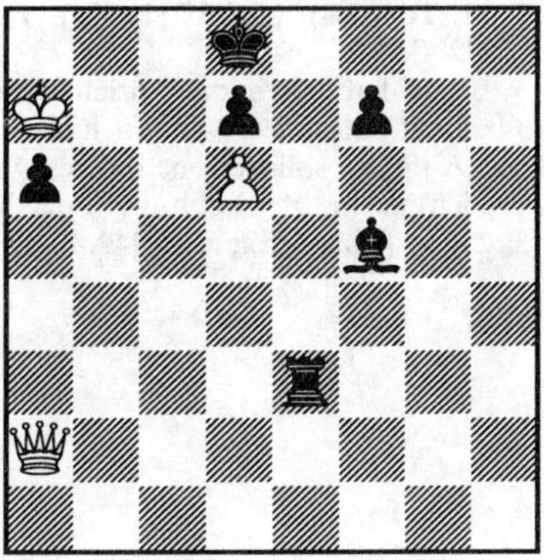

35 Matt in 3 Zügen

36 1. Se bel.? (2. Sf4‡) Le7! (2. Dd5‡?),
1. Sf5!? Le7 2. S: d4‡, aber 1. ... S: e2 (2. Lf5‡?),
1. Sc2!! Le7 2. S: d4‡, 1. ... S: e2 2. La2‡.

Die eindrucksvolle Darstellung des Angriffs 3. Grades, hier verwoben mit weißen Linienkombinationen. „Wer mag der Richter sein, der dieses einmalige Stück unbeachtet ließ?", lobte H. Ahues diese Aufgabe zu Recht in seinen „Weißen Linienkombinationen mit thematischen Verführungen" (Sonderdruck Nr. 2 der Schwalbe, 1978). Grasemanns Antwort war einfach: In der rumänischen Zeitschrift liefen zu jener Zeit gar keine Wettbewerbe.

37 1. Td6(−8)? (2. Db5‡) e3!, 1. Td1!? e3 2. Tc1‡, aber 1. ... Sd3!,
1. Td2! Sd3 2. Tc2‡.

„Bisher haben wir die Ansicht vertreten, daß beim Angriff 2. oder höheren Grades unbedingt Satzspiele vorhanden sein müßten (Mattwechsel). Die bewußt einfach gehaltene Aufgabe soll zeigen, daß es genügt, wenn der 1. Zug die Verteidigungen erst möglich macht, gleichgültig, ob der Weiße Greif- oder Haltewerte aufgibt."
(H. G. – Schach-Expreß 1949, S. 268)

Revista Romana de Sah 1949

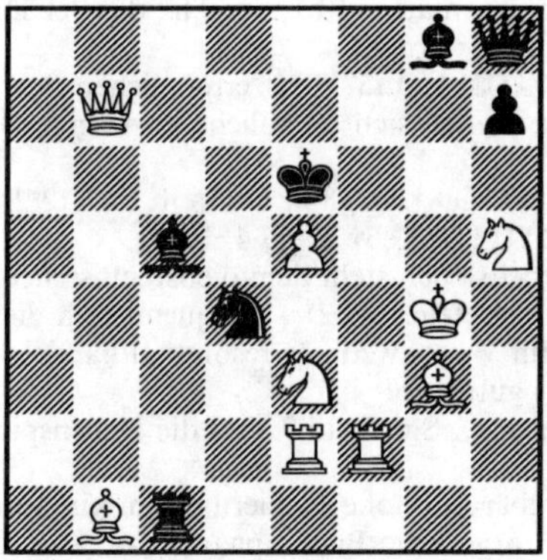

36 Matt in 2 Zügen

Schach-Expreß 1949

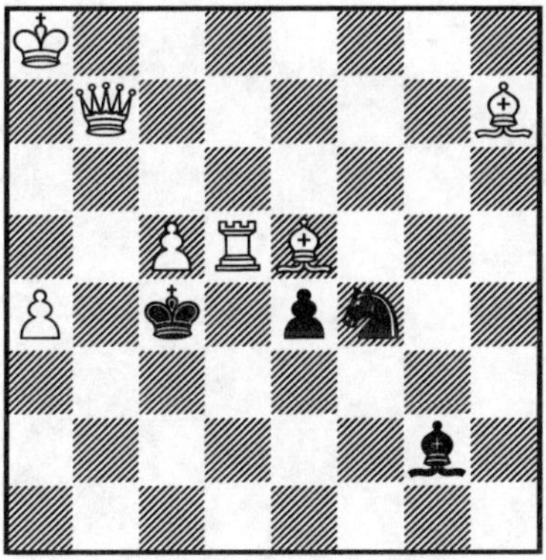

37 Matt in 2 Zügen

38 Der Td1 deckt das Läufermatt auf b1, der Th2 das der Dame auf b2. Wie können beide Verteidiger ausgetrickst werden?

1. Lh7? Tg1!, 1. Lg6? Tf1!, 1. Lf5? Te1! ermöglichen ausreichende Entgegnungen. Allein mittels Zugzwanges lassen sich schädliche vorwegige Holzhausen-Verstellungen herbeiführen.

1. Le4! Tg2 2. Lh7 Tg1 3. Lg8† T: g8 4. Db2‡, 1. ... Tf2 2. Lg6 Tf1 3. Lf7† T: f7 4. Db2‡, 1. ... Te2 2. Lf5 Te1 3. Le6† T: e6 4. Db2‡.

Wie gelegentlich im Arbeitsleben steht dem dienstbeflissenen Untergebenen (Td1) ein überaus unbeholfener Vorgesetzter (Th2) – bequemt sich dieser überhaupt einmal – gerade dann tolpatschig im Wege, wenn es resolut zu handeln gilt.
Das kann auch hier nicht gutgehen!

1. ... Td2 2. Ld5† oder 1. ... Sg3 2. Lh7 sind die Nebenspiele.

H. G. zeigte sich später über die hohe Plazierung im Ringturnier verblüfft. Hatte ihn doch das aus seiner Sicht ärgerliche Bauernpaar a3/a4 lange Zeit im Zweifel gelassen, ob er die Aufgabe überhaupt veröffentlichen sollte. Ein Zeichen für seinen stetigen Kampf um die Letztform.

Schach-Expreß 1949
Informal-Ringturnier
3. Preis

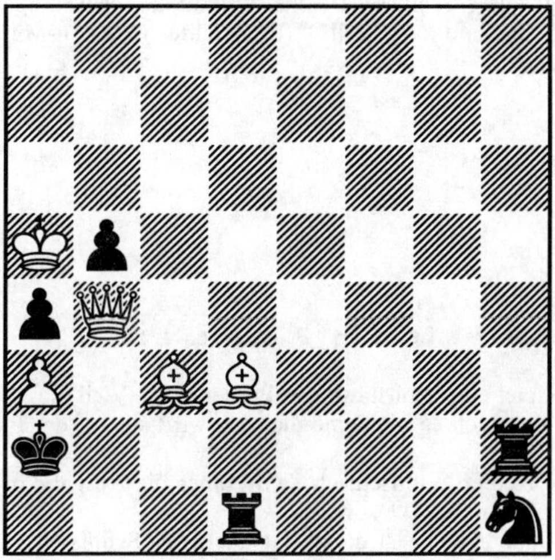

38 Matt in 4 Zügen

39 Schauen Sie sich die schulbuchmäßige Aufreihung klassischer Schnittpunktmotive (Grimshaw und Holzhausen) in diesem Stück an und genießen Sie die Lösung!

1. Th6! (2. Dc6/D: d4‡) De6 2. Dg5† De/f5 3. Dc1‡, 1. ... Te6 2. Df5† Te5 3. D: c8‡, 1. ... Le6 2. De5† Ld5 3. D: d4‡ (auf 2. ... Kb6 folgt jeweils 3. Db5‡).

Nachdem die Aufgabe 1948 im Erich-Brunner-Gedenkturnier des Schweizerischen Schachverbandes durchgefallen war, erfuhr sie eine späte Rehabilitierung.

Eines der unzähligen Beispiele dafür, wie subjektiv und unterschiedlich Preisrichterurteile ausfallen können. Ein kleiner Trost: Den wesentlichen Bestand der Problemgeschichte sichtet allein und unbarmherzig, aber gerecht, die Zeit!

„Luftige Stellung, guter Schlüssel, reicher Inhalt: doppelwendiger Holzhausen und Grimshaw kaum so sparsam dargestellt." (Preisrichter G. Léon-Martin)

40 1. Dc3†? L: c3!,
1. Th1! (2. T: h5†) T: h1† 2. Le1 T: e1† 3. Kc2 Te5 4. Dc3‡,
1. ... Tg5 2. T: h8!.

Ein einfaches Beispiel einer vollständigen Perilenkung. Weil die sofortige Hinlenkung des schwarzen Turmes nach e5 nicht möglich ist, wird sie auf der Parallelen bewirkt.

„Endlich der fällige Reißer!", umschrieb S. Brehmer die Aufgabe in trefflichem Löserkommentar.

„Ein kleiner Schönheitsfehler ist die abseits stehende Schlüsselfigur."
(H. G. – Deutsche Schachzeitung 4/51)

41 Klar, daß wir den abseits stehenden Ta7 zum Einsatz bringen müssen.

Lassen wir mit 1. Te ... g7? die Tür zu weit auf, schleicht sich mit dem geladenen (dem weißen Turm) zugleich ein ungebetener Gast namens „Siegfried" (ein Stein, der wegen Patts nicht geschlagen werden darf) ins traute Heim und ist nicht mehr vor die Tür zu setzen:

1. ... Th8! 2. Te ... g3 (3. Tb3† c: b3 4. T: b3‡) Th3! (3. T: h3?? patt). Der Hausherr (Tc3) kann da auch nichts machen! Nach 1. Th7! Th8 2. Th3 T: h3 kommt er zu Wort und Recht und seinem wohlverdienten Hausfrieden: 3. T: h3 c3 4. d: c3‡ (Achtung, Mustermatt!).

Eine phantastische Peri-Opferbahnung dreier großer Problemkünstler!

L'Echiquier de Paris 1949
1. Preis

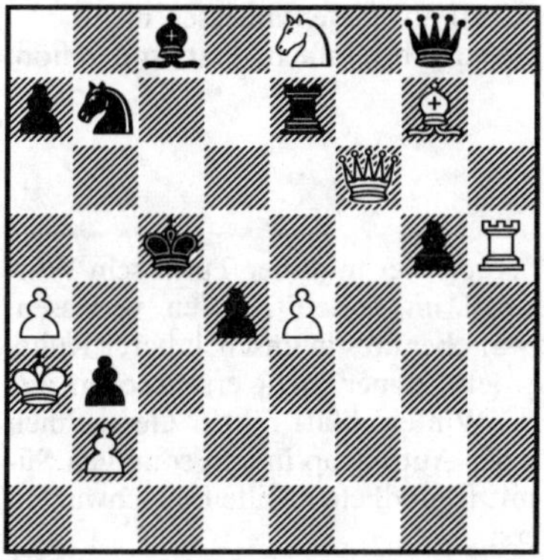

39 Matt in 3 Zügen

Schach-Expreß 1949
(V.)

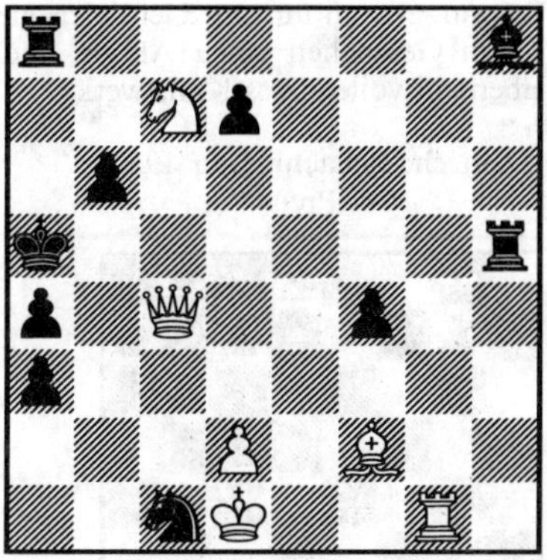

40 Matt in 4 Zügen

mit *Dr. A. Kraemer*
und *St. Schneider*
Schach-Expreß 1949
Informal-Ringturnier
2. Ehrende Erwähnung

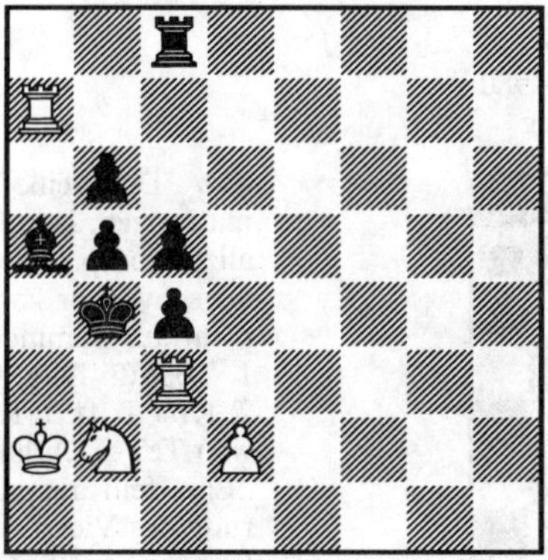

41 Matt in 4 Zügen

42 Bevor Weiß mit D: h6† zum Mattangriff bläst, muß er seinem Turm Zugang zur h-Linie verschaffen. Natürlich nicht stümperhaft (1. Tb1? h5!), sondern auf dezentem Umweg! 1. Tb8!! (2. D: g8‡) – nanu, die falsche Richtung? – 1. ... Dg1† – auch das noch! – 2. Tb1! Da7 3. D: h6† K: h6 4. Th1‡, 2. ... D: b1† 3. K: b1 4. Dg7‡.
Mit Schachprovokation und Beschäftigungslenkung wird der Turm umpostiert. Der Schwarze kann nur mit Getöse reagieren, sein Schicksal abwenden indessen nicht.

Ein Geschehen voller Aktion und Dramatik. Geistreich, einfach, klar und schön. Eben ein vollendetes Kunstwerk!

Deutsche Schachblätter 1966
4. Preis

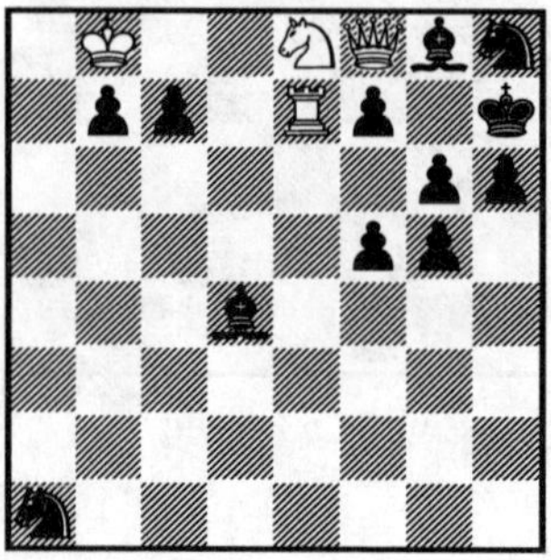

42a Matt in 6 Zügen

42a Auch hier muß der Turm sein Winterdomizil im hohen Norden verlassen, und zwar ebenfalls in unscheinbarer Ruhe, damit der Gegner nicht erschrocken aus seinem Winterschlaf fährt. Gemächlich geht's per Auto-Stop in den sonnigen Süden, mit freundlicher Hilfe des schwarzen Läufers:
1. Td7! (2. T: d4 3. Dg7/Sf6‡) Le5
2. Td5 Lb2 3. Td2 Le5 4. Te2 Ld4
5. D: h6† K: h6 6. Th2‡.
„Die humorvolle, logisch fundierte Aufgabe gefällt. Die durch sSa1 erzielte Beschränkung auf eine Variante kommt der straffen Einheitlichkeit von Idee und Form sehr zugute."
(Preisrichter Dr. K. Wenda)

mit *Stefan Schneider*
Deutsche Schachblätter 1980
3. Ehrende Erwähnung

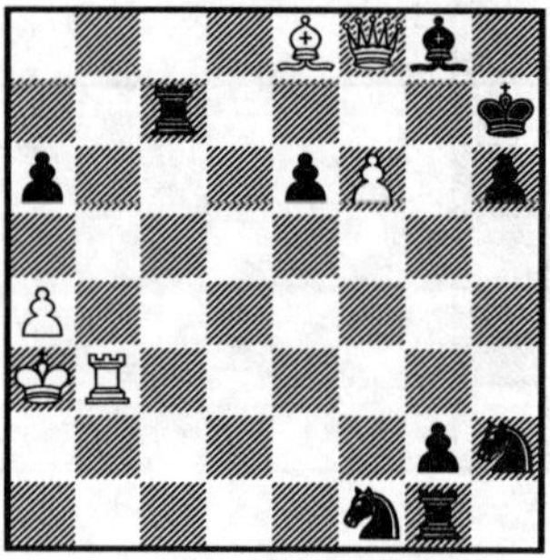

42b Matt in 6 Zügen

42b Der weiße Turm will einmal auf h5 mattsetzen. Der direkte Weg 1. Tb5? wäre allzu plump. Also auf bekannte Weise unter schwarzer Zwangsarbeit, damit dieser nicht auf dumme Gedanken kommt.
1. Tb8! (2. D: g8† K: g8 3. Lg6†) Tc3†
2. Kb4 Tc4† 3. Ka5 Tc5† 4. Tb5 (da sind wir) Tc7 5. D: h6† K: h6 6. Th5‡.
„Eine fein ausgedachte logische Erweiterung des Vierzügers."
(Preisrichter A. Grunenwald)
Zugleich die letzte Gemeinschaftsarbeit mit seinem Freund Stefan Schneider (24. 4. 1908 – 8. 12. 1980), der die Idee hatte, dem Vierzüger eine andere, tiefere logische Struktur zu geben.

Wiener Schachzeitung 1949
Dr. H. Lepuschütz gewidmet

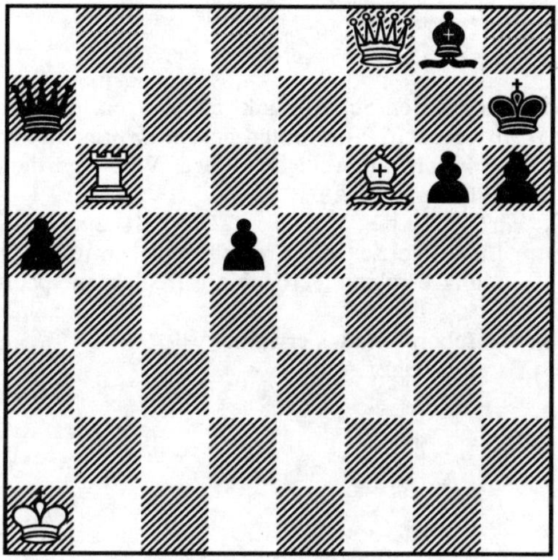

42 Matt in 4 Zügen

43 Die Probe 1. Df1†? Kh4 2. Lg5† K: g5! zeigt, daß sich der Läufer zum Mattsetzen in nördlichere Gefilde zurückziehen muß. Allerdings nicht allzu unschuldig mit 1. Lc7/Ld6/Le5? wegen 1. ... b1D!, sondern mit der inzwischen geläufigen Beschäftigungstherapie

1. Sf7! D: f7† 2. Lc7 Db3 3. Df1† Kh4 4. Ld8‡.

44 Wie läßt sich der Ta2 in den Schnittpunkt e2 zwingen, um ihn anschließend à la Holzhausen mit Le5† abzulenken? Von hinten herum geht es im Problemschach meist besser als auf direktem, sprich langweiligem Wege. Was läge daher näher (pardon: ferner), als einfach 1. Ta8! zu spielen?!

1. ... T: a8† (1. ... Tb2? 2. L: b2!; 1. ... Tc/d2? 2. Ta1!) 2. e8D Ta:e8† 3. Kh7.

Nachdem der Turm für kurze Zeit die Freiheit genießen durfte, muß er wieder auf die 2. Reihe zurück – dank erfolgter Perilenkung freilich mit peinlicher Verbahnung seines Kollegen.

Den Schluß hatten wir schon anfangs erwähnt:

3. ... T8e2 4. Le5† T: e5 5. Dg2‡.

45/I 1. Lb2! Ke7 (der einzige Zug, der eine Springerfessel vermeidet) 2. Kc1 Sb3‡.

45/II Natürlich haben Sie's gemerkt! Das ist die I-Fassung um 180° gedreht!
H. G.: „Die Sanduhr". Jetzt läuft sie andersrum (der andere Springer).
1. Kd6! Kd4 2. Te6 Sf5‡.

Schach-Expreß 1949

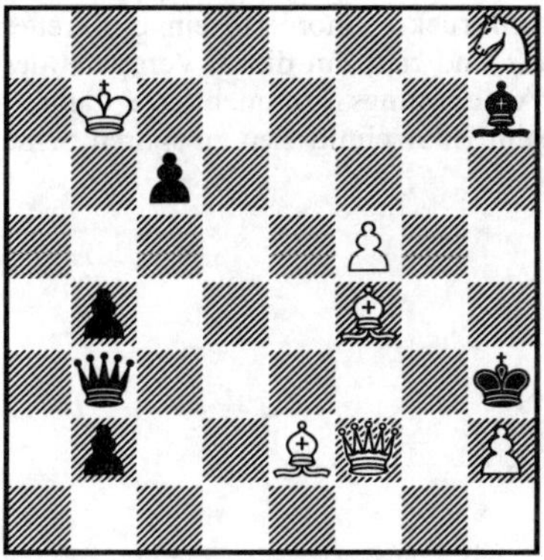

43 Matt in 4 Zügen

Die Welt 11. 6. 1949
Dr. A. Kraemer gewidmet

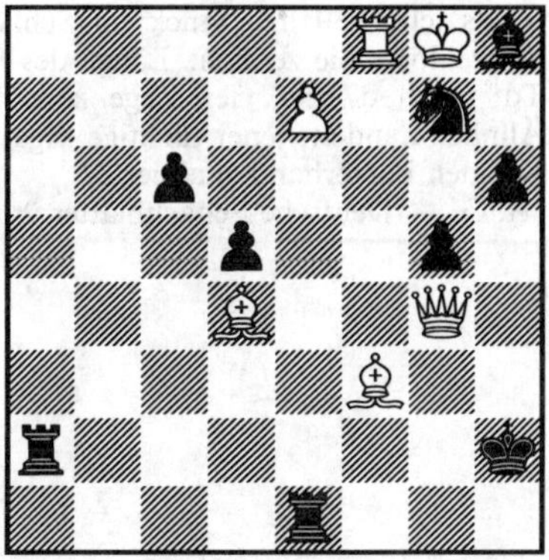

44 Matt in 5 Zügen

Illustrierte Rundschau 1. 1. 1949

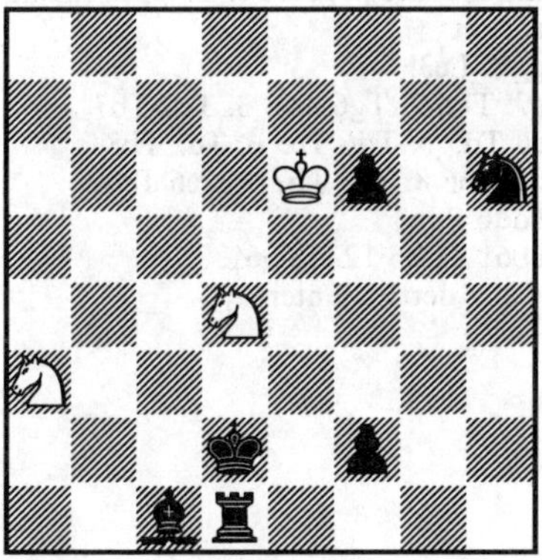

45/I

45/II

Hilfsmatt in 2 Zügen

46 „Auf dem langen Weg zum entscheidenden Platz c7 muß der Td2 so manövrieren, daß Schwarz nicht zum Gewinnzug b: c4 kommt:

1. Th2! (beschäftigt den Th5)

1. … Tg/f5 2. Tg/f2 Th5 3. Tg/f8 (beschäftigt den Td8) Td7 4. Tg/f7 Td8 5. Tc7! S: c7 6. Sb6‡.

Als ich 1950 das Stück im Schach-Expreß nachdruckte, monierte ein erfahrener Spitzenlöser die zeitliche Länge des Lösungsablaufs und riet, ihn durch Versetzen des Td8 nach d7 auf vier Züge zurechtzustutzen. Arne Mangs kommentierte damals: Ähnlich handelte jener tüchtige Figaro, der, um beim Haarschnitt Zeit zu sparen, seine Kunden kurzerhand skalpierte."
(H. G. – Deutsche Schachblätter 2/73)

Dr. H.-P. Rehm
Die Schwalbe 1982
1. Preis

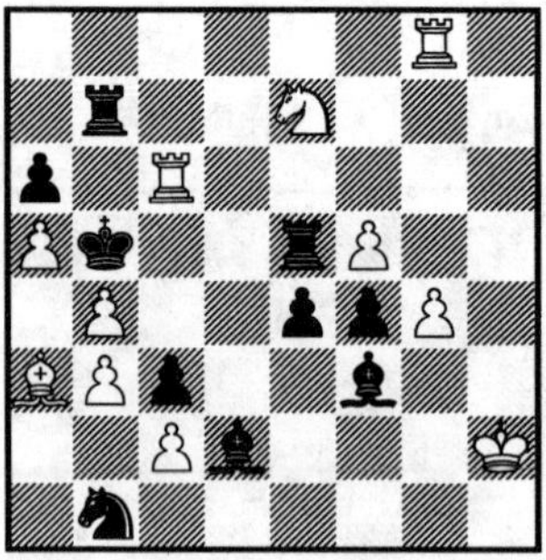

46a Matt in 12 Zügen

46a Das Grundschema fasziniert bis heute. Rehm hat es – freilich unter Abwandlung ins Eigenständige – aufgegriffen und die Idee in genialer Doppelsetzung verarbeitet:

1. Tgg6? Le3!
1. Tc7! Tb6 2. Tg6 Tb8 3. Tc8 Tb7
4. Te6 Td5 5. Td6 Te5 6. Tc7 Tb8
7. Td8 Tb6 8. Tc6 Tb7 9. Te6 Tc5
10. Tdd6 S: a3
11. Tb6† T: b6 12. T: b6‡.
Der Tanz der Elefanten!

ADS-Turnier 1949
2. Preis

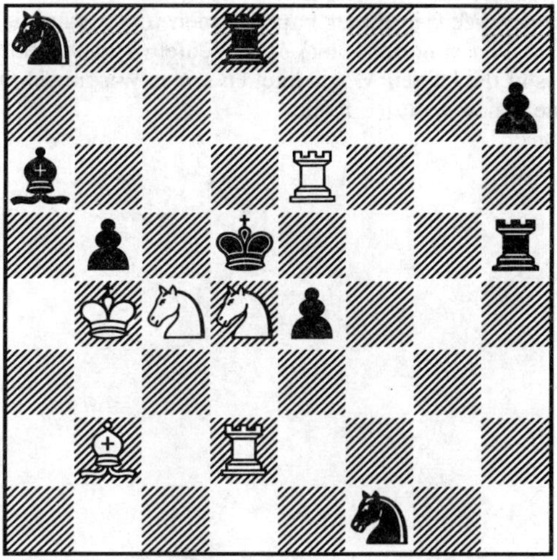

46 Matt in 6 Zügen

47 1. Tg7†? Kh8? 2. Sg6‡, aber 1. … Kh6!.

Schachprovokation, Beschäftigungs- und Perilenkung des scharzen Turmes zum Fernblock bestimmen das Vorplangeschehen.

1. Tb2! T: b2† (1. … Th3 2. Tg7† Kh6 3. Sf5† Kh5 4. Le2†)
2. Lb5! T: b5† (2. … Th2 3. Tg7† Kh6 4. Sf5† Kh5 5. Le8‡)
3. Kc8 Th5 4. Tg7† Kh6 5. Sg8‡, 4. … Kh8 5. Sg6‡.

Verblüffend, daß sich Weiß in dieser bauernarmen und erstaunlich offenen Stellung erlauben kann, weder Tod (Figurenopfer) noch Teufel (Schachgebot) zu fürchten!

„Jeder Stein ist bis in die letzten Möglichkeiten seiner Wirkungskraft ausgenutzt, und der Raum spielt eine gleich wichtige Rolle.“
(Preisrichter J. Breuer)

ADS-Turnier 1949
3. Preis

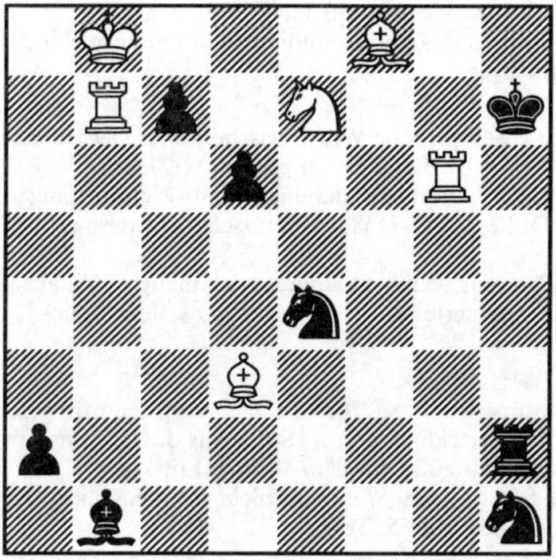

47 Matt in 5 Zügen

Subjektivistisch

Ein cand. phil. aus der Nähe von Fritzlar
schuf ein Selbstmatt, das fern jedem Witz war.
Nur er selber erkannte,
daß die Hauptvariante
von der Schönheit des Goldenen Schnitts war.

48 Gleich drei kritische und drei Sperrzüge, verteilt auf das weiße und schwarze Spiel, bilden den erstaunlichen Inhalt dieses Stückes.

1. Th3! (1. Kritikus) Ta6 (2. Kritikus) 2. Lg3! (3. Kritikus und zugleich 1. Sperrzug) Lb6 (2. Sperrzug) 3. De5† (3. Sperrzug) Ld4‡.

Von besonderem Reiz ist das korrespondierende Figurenspiel auf der 3. und 6. Reihe in den ersten beiden Zügen.

49 Nach 1. h4? hätte Schwarz die Wahl zwischen zwei gleich langen Zügen, nämlich einem schlechten 1. ... D: h4‡? und einem guten 1. ... De1!.

1. Tg1! (2. h4!) Dg2! Nur dieser der insgesamt 7 gleich langen Züge pariert die Drohung! 2. g8S! D: b2 3. Tg5 Dh8‡. Überraschenderweise erfolgt das Matt von der anderen Seite!

Längstzüger mit Drohung waren zumindest zu damaliger Zeit ausgesprochene Raritäten. Grasemann komponierte in der Folgezeit weitere Stücke dieser Art (vergl. Nr. 66, 86).

50 Auf reine Wartezüge wie 1. Kf2/Lf3/Te2? kontert Schwarz geschickt mit 1. ... c6! und der drohenden Pattverteidigung 2. ... Sc5!. Aus dieser Erkenntnis folgt, daß Weiß indisch abwarten muß, und zwar mit dem Vorplankritikus

1. Ld1! c6 2. Te2! Sd6 (2. ... Sc5? ist nun nicht mehr möglich, denn 3. S: c5 Kg4 4. Te4‡) 3. Sc5 Se4 4. Sd3† Kg4 5. Te4‡.

Th. Siers
Die Schwalbe 1940
1. Preis

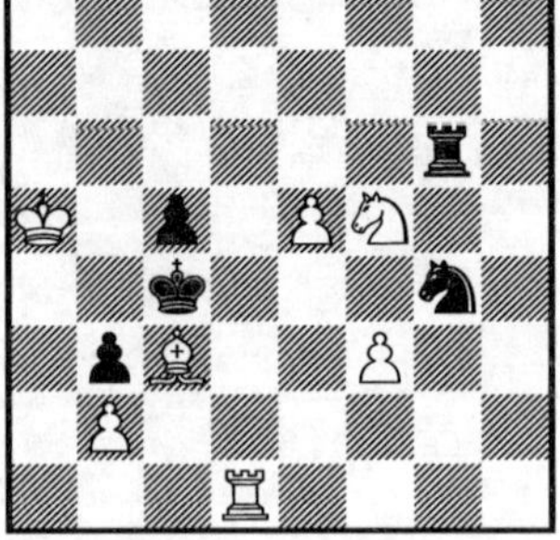

50a Matt in 5 Zügen

50 a Während Grasemanns Aufgabe ausschließlich auf Zugzwang angelegt ist, die man einen logisch strukturierten „Zugzwang-Inder“ nennen könnte, zeigt Siers einen sogenannten „Droh-Inder“ (Inder zur Stützung des Hauptplan-Drohspiels).

1. f: g4? (2. Se3‡) Ta6†! 2. K: a6 patt!
1. Le1! Th6 2. Td2 Tg6 3. f: g4 Ta6† 4. K: a6 Kb4 5. Td4‡.

Ebenfalls ein Klassiker der Problemgeschichte! Beiden Aufgaben ist gemein, daß die indische Kombination insgesamt lediglich als Mittel zur Erreichung eines ganz anderen strategischen Ziels dient.

Die Schwalbe 1949
Informal-Ringturnier
4. Preis

48 Selbstmatt in 3 Zügen, Längstzüger

Die Schwalbe 1949

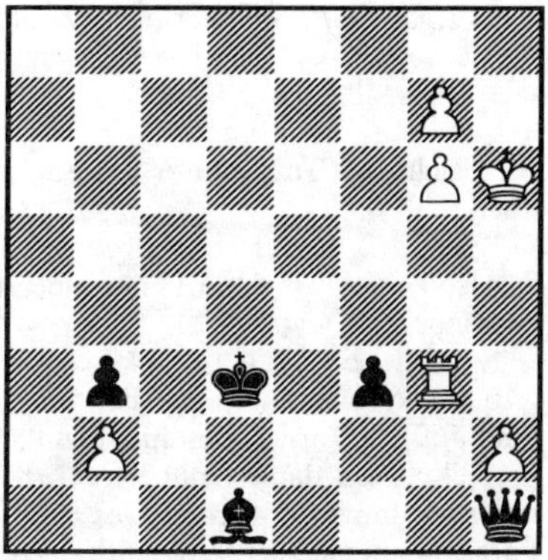

49 Selbstmatt in 3 Zügen, Längstzüger

ADS-Turnier 1949
4. Lob

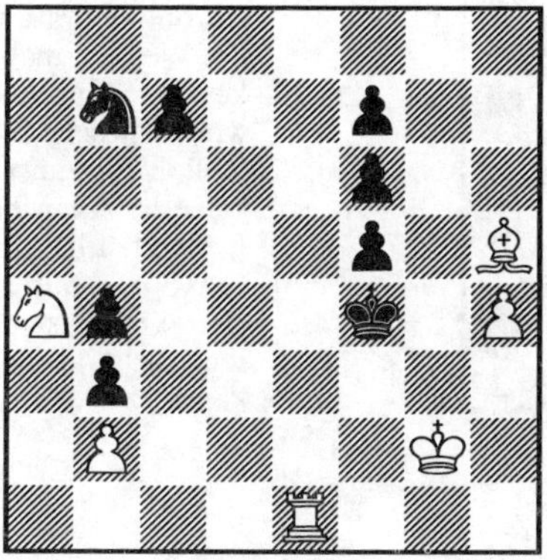

50 Matt in 5 Zügen

Calbereien

Da setzt doch so'n Scherzbold aus Calbe
auf je einen Schelm anderthalbe
und verbreitet, G. R-inder
sei Erf-inder des Inder
und es mache B. Sommer die Schwalbe.

51 Zieht der Tc2, gibt er das Satzmatt 1. ... L: d4 2. T: d4‡ preis. So scheitert denn auch

1. Tg2? (2. Tg5‡) L: d4 2. L: d4? am Patt.

Also ziehen wir den Lf3 zur inneren Einkehr in die Ecke und schauen, was sich dann entwickelt.

1. Lh1!! Lb6 2. Tg2! L: d4 3. L: d4 Sg5† 4. T: g5‡, (1. ... Lc5? 2. d: c5 d: c5 3. Td2‡).

Bemerkenswert ist, daß der Sperrzug (Tg2) im Gegensatz zum Ur-Inder und den landläufigen Variationen hier droht. In jenen Aufgaben würde der Sperrzug, zur Unzeit gespielt, auch dann nicht zum Erfolg verhelfen, wenn Schwarz der Zugpflicht nicht nachzukommen brauchte. Das heißt, Weiß scheitert aus zwei Gründen: am schwarzen Patt und am eigenen Unvermögen. Am folgenden Beispiel (Nr. 51 a) wird dies besonders deutlich, weil Kritikus (Lh1) und Sperrzug (Tg2) haargenau denen der Nr. 51 entsprechen.

W. Greenwood
Ill. London News 1859

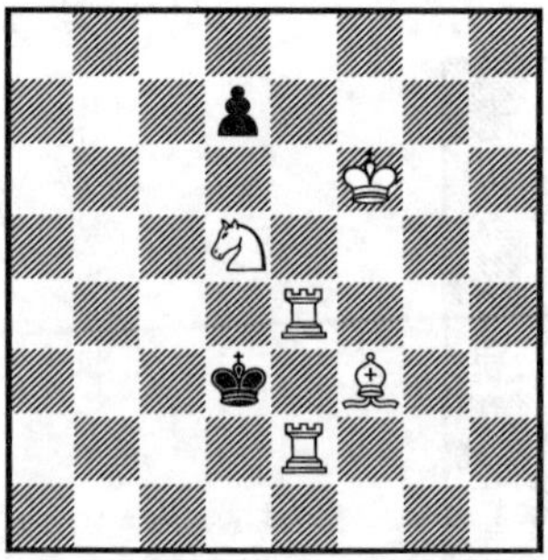

51a Matt in 3 Zügen

51a 1. Ta/b/f/h2? d6 2. Tg2?? scheitert sowohl am Patt als auch am Unvermögen des Weißen, mattsetzen zu können. (Denken wir uns das Patt probehalber weg, wird deutlich, daß der Zug Tg2 an dieser Stelle völlig unsinnig ist, denn er eröffnet keinerlei Angriffschancen.)

Daher 1. Lh1! d6 2. Tg2 K: e4 3. Td2‡.

Ein Stück mit ausgesprochenem Rätselcharakter, das vom Löser intuitiv erschlossen, nicht aber logisch gedeutet werden kann.

Grasemanns Nr. 51 enthüllt dagegen eine neuartige logische Struktur: Kritikus = Vorplan, Sperrzug = Hauptplan. Wir begegnen hier einer logischen Aufspaltung der indischen Elemente in ein neudeutsches Stufenverhältnis der Pläne.

Auch Siers erschloß in jener Zeit in einer Anzahl bemerkenswerter Kompositionen der alten indischen Idee neues, wenn man so will, neudeutsches Terrain (vergl. Nr. 50 a).

Die Schwalbe 1949

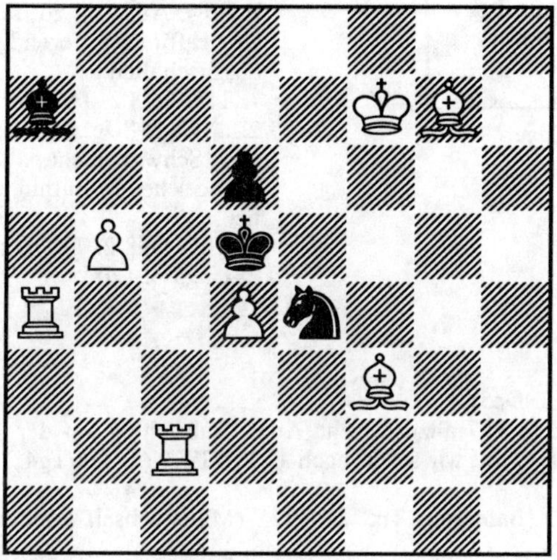

51 Matt in 4 Zügen

W. v. Holzhausen
Armee-Schachzeitung 1906

51b Matt in 4 Zügen

51 b Schon viele Jahrzehnte früher gab es freilich Darstellungen, die der indischen Idee neue Perspektiven eröffneten und sich (nach dem Auswahlprinzip) logisch deuten ließen, wie auch dieses Stück. Hier geht es um die Brennpunkte d5 und d8, an die die Da8 gebunden ist. Unter scheinbar gleichwertigen Wartezügen haben wir die richtige Auswahl zu treffen, um vorwegig eine raffinierte Verteidigung (2. ... Dg5†) auszuschalten.

1. Tf5? Dg8 2. Tb7 (verhindert 2. ... Da8) 2. ... Dg5†!. Jetzt ginge 3. L: g5 4. Ld8‡, wäre Schwarz nicht patt! Unsere Auswahlprobe scheitert mithin allein am Patt! Daher

1. Th5! Dg8 2. Tb7 Dg5†
3. L: g5 4. Ld8‡.

52 Satz 1.... Tc5 2. De5‡.

Hegen wir mit dem Te7 allzu forsche Angriffsabsichten auf der 4. Reihe, geht uns das Satzmatt verloren und wir sehen nach 1. Tf7/Tg7? (2. Tf4/Tg4‡) Tc5! (2. ‡?) ratlos in die Zukunft.

Nur mit 1. Th7! (Bahnung) Tc5 2. Dg7‡ (Mattwechsel) können wir den Verlust kompensieren.

So einfach, so schön!

53 Ein schwarz-weißes Wechselspiel von Linienöffnungen und -sperren bestimmt den Inhalt dieses Zweizügers, wobei einmal der Lb1, einmal der Tc1 demaskiert wird. Vorerst scheitern noch 1. Sb4†? bzw. 1. Sce3†? an 1. ... Ke4! bzw. Kc5!.

1. De8! (2. Sf6‡) Lf5 2. Sb4‡, 1. ... T: c6 2. Sce3‡.

54 Als schädliche kritische Züge entlarven die schwarzen Springer in ihren Verteidigungen 2. Grades die beiden weißen Fehlversuche

1. Le3? (2. Sh6‡) Sh bel.? 2. Tf4‡, aber 1. ... Sg7! und

1. Te1? (2. Le6‡) Sc bel.? 2. Se3‡, aber 1. ... Sb2!.

Mit 1. Da8! (2. Le6‡) berauben wir sie ihrer raffinierten Ausflüchte in die 2. Dimension, so daß sie, wollen sie noch eingreifen, 2. Tf4‡ oder 2. Se3‡ zulassen müssen.

Für Euch 1950

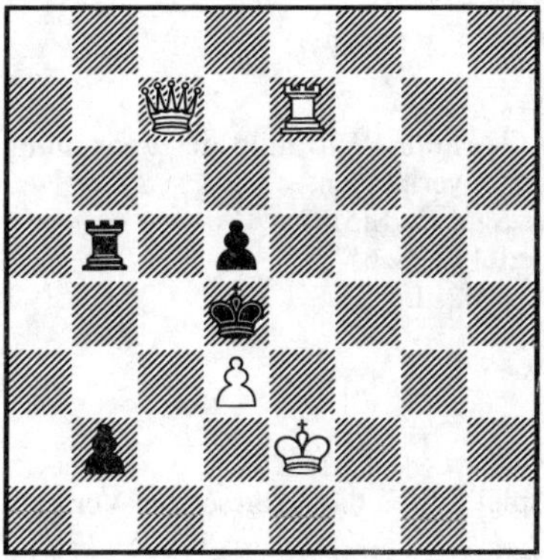

52 Matt in 2 Zügen

Hamburger
Problem-Nachrichten 1950

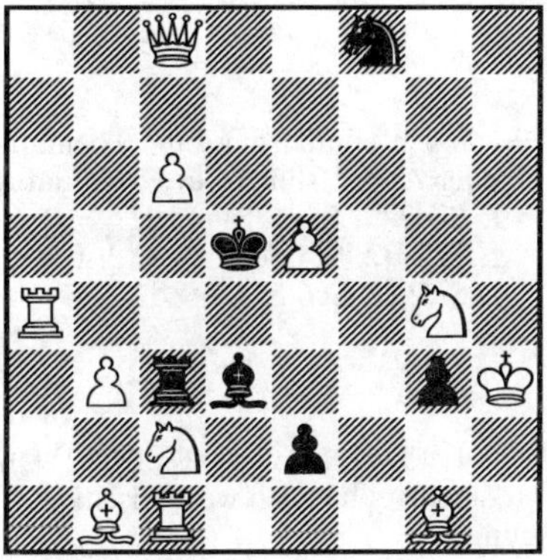

53 Matt in 2 Zügen

Die Schwalbe 1950
Informal-Ringturnier
3. Preis

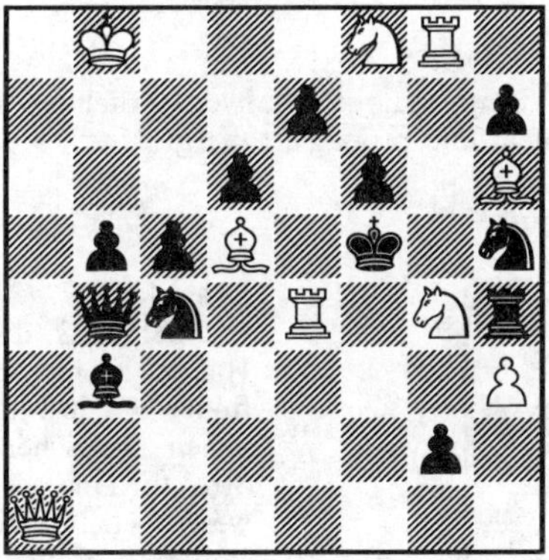

54 Matt in 2 Zügen

55 Dreimal kann der Sf2 doppelt drohen, doch muß er mit Bedacht vorgehen.
1. Sd1? (2. Sc3/Se3‡) Sce4? 2. d: e4‡, aber 1. ... Sa4!,
1. Se4? (2. Sc3/Sf6‡) S: e4? 2. d: e4‡, aber 1. ... S: b5!,
1. Sg4! (2. Se3/Sf6‡) Sd7 2. Se7‡, 1. ... Sf5 2. De5‡,
1. ... Sc4 2. d: c4‡, 1. ... Se4 2. d: e4‡.

56 Noch einmal diesselbe Thematik in luftigem Gewand. Weiß muß die Verstellung eigener Angriffslinien (des Tc8 und des Lh7) tunlichst vermeiden.
1. Sh4? (2. Sf5/Sf3‡) Sed2? 2. D: d3‡, aber 1. ... Sg5! (2. Sf5‡?),
1. Se7? (2. Sf5/Sc6‡) Se3? 2. f: e3‡, aber 1. ... Scd6! (2. Sc6‡?),
1. Se5! (2. Sc6/Sf3‡) Scd2 2. D: d3‡ und 1. ... S: e5 2. Le3‡.

57 1. Lf3! (2. D: g4‡) Sg bel. 2. Dh6‡.
Zu einem lustigen wechselseitigen Entfesselungsspiel führen die fortgesetzten Verteidigungen
1. ... Se5 (entfesselt Td6, aber auch Sg7) 2. Sh5‡ und
1. ... Sf6 (entfesselt Sf5, aber auch Sg7) 2. Se6‡.

58 Die Springerfessel zur Linken nach 1. Dc8? (2. Sc5‡) braucht Schwarz nicht zu fürchten (1. ... Db4/5!), der analoge Angriffsplan auf der Rechten schlägt hingegen durch.
1. Dg1! (2. Dg4‡) Dd1 2. Dg8! 3. Sd8‡.
Grasemann hat das Prinzip analoger Planverwirklichung als eine weitere logische Struktur erkannt, untersucht und propagiert (vergl. Nr. 58 a und 58 d).

Deutsche Schachhefte 1950

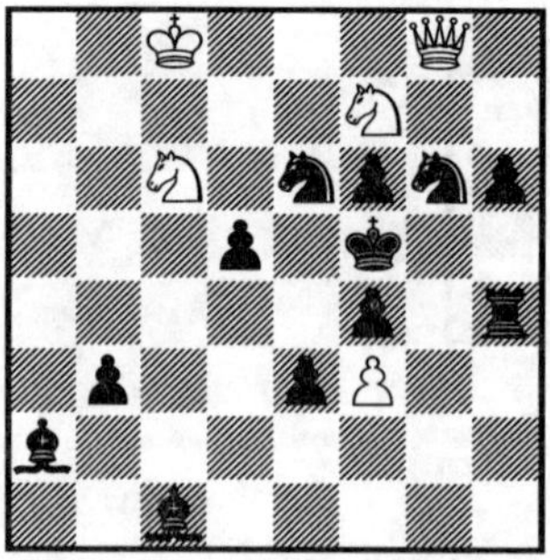

58 a Matt in 3 Zügen

58 a 1. Dh7? (2. Se7‡) La3! (Probe),
1. Dd8! (2. D: d5‡) b2 2. Dd7 3. Sd4‡.
Haben wir hier eine Version des Themas, finden wir in Nr. 58 b mit der herkömmlichen logischen (Vorplan/Hauptplan-) Struktur eine echte Vorstufe, die uns den wesentlichen Unterschied verdeutlicht. Während in Nr. 58 a Probe (1. Dh7) und Hauptplan (2. Dd7) ein strategisch analoges Angriffsmotiv (die Fesselung der Springer) aufweisen, sind beide Züge in Nr. 58 b notationsgleich.

mit *G. Latzel*
Magasinet 10. 12. 1950
Ehrende Erwähnung

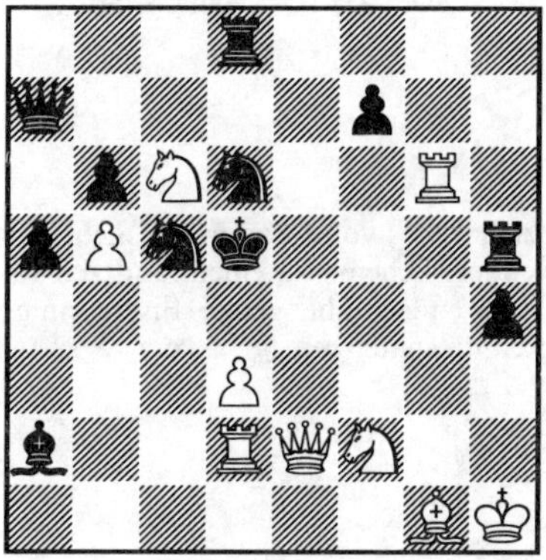

55 Matt in 2 Zügen

Die Schwalbe 1950

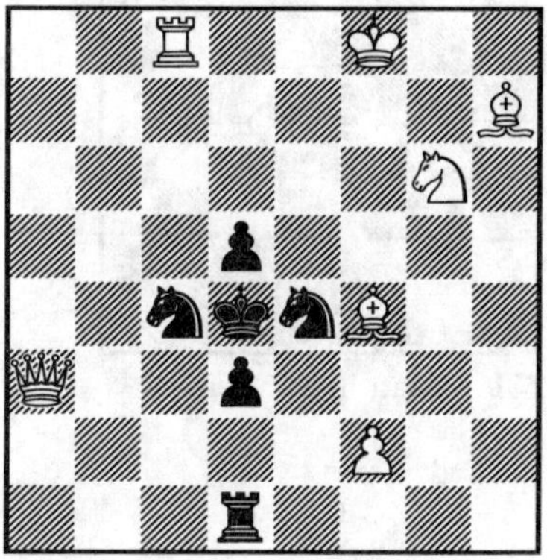

56 Matt in 2 Zügen

Chess 1950
8. Lob
S. Pickering gewidmet

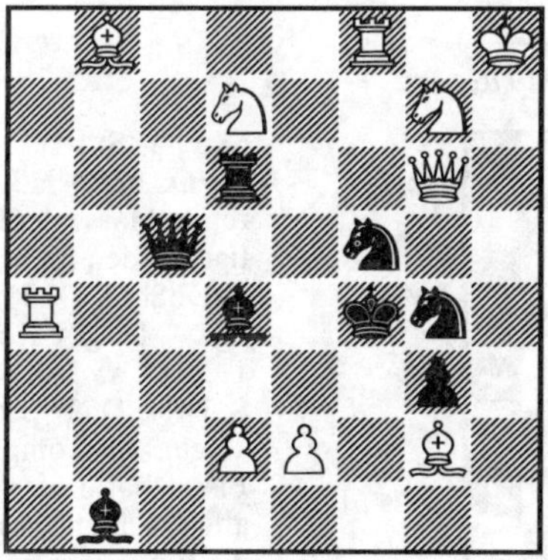

57 Matt in 2 Zügen

Hamburger
Problem-Nachrichten 1949

58b Matt in 3 Zügen

58b 1. Db7? (2. Sc3‡) Lb2!,
1. Dh7? (2. Sd6‡) La3! (Probe),
1. Dc7! (2. D: c4‡) b2 2. Dh7 3. Sd6‡.

Wie sich dieses von Grasemann mehrfach verwendete Schema zu einem anderen Inhalt verwenden läßt, zeigte Eisert einige Jahrzehnte später mit Nr. 58c.

mit *Dr. St. Eisert*
Deutsche Schachblätter 1976

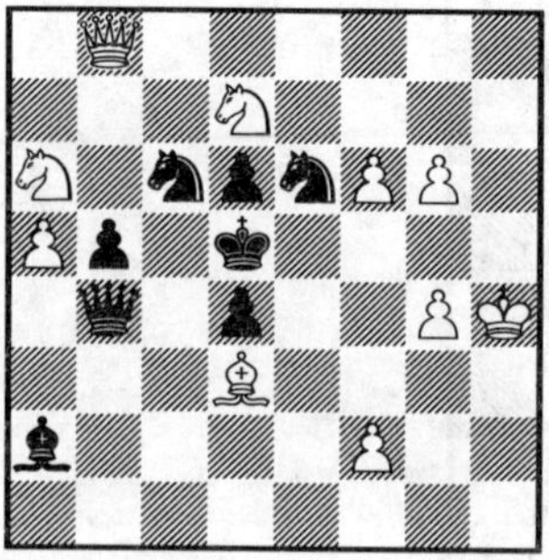

58c Matt in 5 Zügen

58c 1. S: b4†? S: b4 2. Da8† Sc6 (3. D: a2‡?) läßt erkennen, daß die störende Masse des Ba5 vorplanmäßig beseitigt werden muß.
1. Dh8! (2. Dh5† bzw. 2. Sb6† Ke5 3. f7† Sg7 4. D: g7† Ke6 5. f8S‡)
1. ... D: a5 2. Kg3! (3. Dh1†) De1 3. Sb4† S: b4 4. Da8† Sc6 5. D: a2‡.
„Nein, ich komponiere nicht wieder; Dr. Eisert hatte hier das Grundschema einer alten Aufgabe von mir genommen und mir die (unverdiente) Mitautorschaft angetragen. Die Bitte des Freundes wollte ich nicht abschlagen, obwohl ich weder zum Thema noch zur Gestaltung etwas beigetragen habe."
(H.-G. – Deutsche Schachblätter 4/77)

Die Schwalbe 1950
(V.)

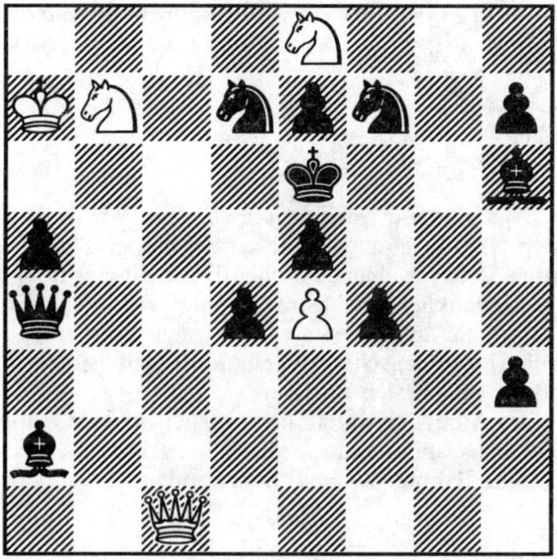

58 Matt in 3 Zügen

Deutsche Schachzeitung 1951
(V.)

58d Matt in 4 Zügen

58 d Hier finden wir das Analogieprinzip in einem anderen, vierzügigen Schema.
1. Lh3? (2. Dh8‡) T: h3! 2. D: h3? Ke8!
1. Da4! (2. Da8‡) Ta1 2. La2 T: a2
3. D: a2 Kc/e8 4. Da/g8‡.
Auch hier geben wir durch den Schlüsselzug unseren Hauptplan (die Sperrung der h-Linie durch Lh3) scheinbar endgültig auf, können ihn jedoch schließlich analog auf der a-Linie verwirklichen.

Aufgaben diesen Typs sind rar geblieben. Bedenken wir, daß Grasemann – wie übrigens auch mit den Nr. 24–26 a – mehr als ein bloßes Thema entdeckte, sondern eine völlig andersartige Struktur einer logischen Deutung erschloß. Seine Leistung lag also vornehmlich im Gedanklichen, Abstrakten und war daher für die Problemwelt nicht so bequem und dankbar aufzugreifen wie ein prägnantes, von äußerlichen Effekten lebendes Thema. Aufnahmebereitschaft, Verständnis und gerechte Würdigung durch die Problemisten ließen also auf sich warten.

Nr. 58 e entsprang der Anregung durch die vorangegangenen Aufgaben. Wir meinen, daß die dieser Aufgabenart anhaftende formale Strenge durch eine farbige Thematik (hier durch das klassische Bahnungsthema) überwunden werden kann.

Dr. A. Geister und
D. Kutzborski
Urdruck

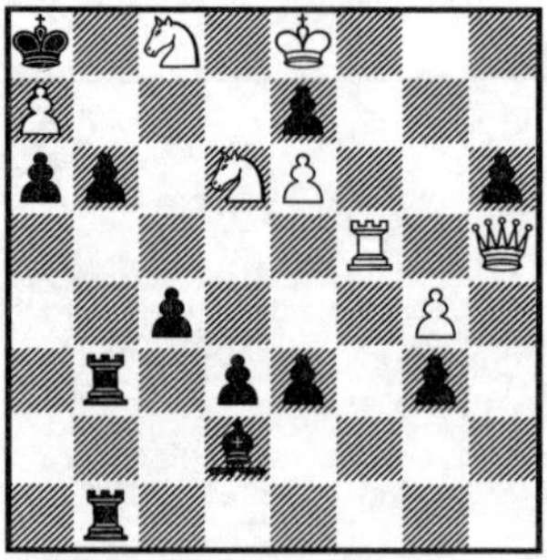

58e Matt in 3 Zügen

58 e Beliebige Räumungszüge des Tf5 drohen ein Diagonalmatt der Dame, so
1. Tf8 … 1? (2. Dd5‡) Tb5!
1. Tc5!? (weiße Bahnung und weiß-schwarze Voraus-Verbahnung) 1. … b: c5!
2. Dd5† Tb7! zeigt, daß die 5. Reihe für Weiß nicht nutzbar ist. Nach
1. Df7! (2. D: e7 3. Db7‡) Lb4!
finden wir dieselben Angriffsmotive auf die f-Linie verlagert. Erneut erweisen sich beliebige Räumungszüge als untauglich (2. Tc … h5? Tf1!), so daß nur
2. Tf2! (3. Df3‡ – wiederum weiße Bahnung und weiß-schwarze Voraus-Verbahnung) durchschlägt.
2. … e: d6 3. S: b6‡. 1. … e: d6 2. Dc/d7!.

Quizfrage

Galt auf schachtheoretischem Sektor
weit und breit als Germaniens Praeceptor
unbestrittnen Formats.
Was er vorschrieb, man tat's.
In Zivil war er Handelsschulrektor.
(Johann Berger in Graz)

Aus meinem Poesie-Album

Sei klug, Junge, setz Dir ein Limit. Schau,
Du tust damit viel für Dein Image: Hau
auf den Putz, doch mach's witzig,
fundiert, sachlich und spritzig!
Das rät Dir Dein Onkel aus Crimmitschau.

Ohne Umschweife

In der Schilfbucht des träumenden Sees
sprach er leis zur verliebten Theres –
von Dual und Modellmatt,
Anti-Turton und S-Rad.
Er ging immer gleich medias in res.

„Partie und Problem sind, obschon sie die gleichen Ausdrucksmittel verwenden, in der Tat wesensverschieden. Sie verhalten sich zueinander wie vergleichsweise ein Streitgespräch zu einem Bühnendialog."
(H. G. – Problemschach II, S. 44)

59 Der gleich zwei Fluchtfelder raubende Fehlversuch 1. Kf2?? bringt Schwarz nicht in Verlegenheit, beschert ihm vielmehr ein glückliches Patt. Die (fesselnde) Horizontalkraft der Dame erweist sich dabei als gar nicht nutzbringend.

Wie entledigen wir uns also ihrer? Einfache Wegzüge von der 1. Reihe nutzt Schwarz je nach Lust oder Gelegenheit zur Flucht seines Königs in die Freiheit oder zu einem lästigen Ausfall seiner Kavallerie, so daß unsere vielversprechende Ausgangsposition für immer dahin wäre.

Nun, Frechheit siegt gelegentlich auch im Problemschach:

1. Dd5†!! Kg1 2. Dh1†! K: h1 3. Kf2 S bel. 4. Sg3‡.

(Beachten Sie bitte den ganz wesentlichen strategischen Unterschied beispielsweise zum Geschehen der Nr. 63. Zwar ist beiden Aufgaben gemein, daß die weiße Dame überflüssig ist. Hier erweist sich jedoch ihre Kraft, dort ihre Masse als störend. Das ist problemschachlich ein himmelweiter Unterschied!)

Ein toller Reißer ist das Stück. Das Kraftopfer der weißen Dame so simpel, klar und unvergeßlich dargestellt! Bedeutende Komponisten hatten sich an diesem Thema versucht, ohne die brillante Form zu erreichen, die Grasemann im Handstreich gelang. Die an die Grundstellung erinnernde Konstellation von Dame, König und Bauer rundet das ästhetische Gesamtbild ab.

J. Halumbirek
nach H. Eichstädt
Holzhausen-Memorial 1951
4. Ehrende Erwähnung

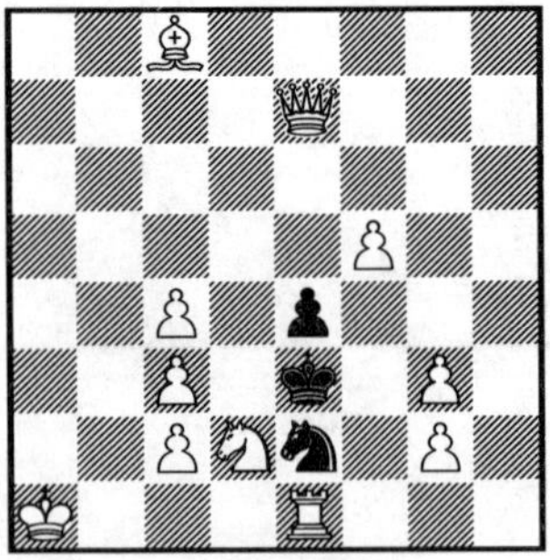

59a Matt in 4 Zügen

59 a Die Idee geht auf einen 1857 veröffentlichten inkorrekten Vierzüger H. Eichstädts zurück, der erst ein knappes Jahrhundert später durch Halumbireks Korrekturfassung Rettung erfuhr.

1. Dg5†! Kf2 2. De3† K: e3 3. S: e4 K: e4 4. T: e2‡,
2. ... K: e1 3. S: e4 Kd/f1 4. Dd/f2‡.

Freilich unter Verzicht auf das Hineinziehungsopfer des Springers entstand Grasemanns Miniatur etwa um dieselbe Zeit. Als Halumbirek sie erstmals sah, verschlug's ihm fast die Sprache. „Die Jungen schrecken vor nichts zurück", war sein anerkennender Kommentar in der Wiener Schachzeitung.

Endstation Berlin-Buch

Einen Dauerpatienten in Buch
störte nichts außer Pferdegeruch.
Er berührte die Springer
deshalb nie mit dem Finger,
sondern immer nur mit einem Tuch.

Deutsche Schachhefte 1950

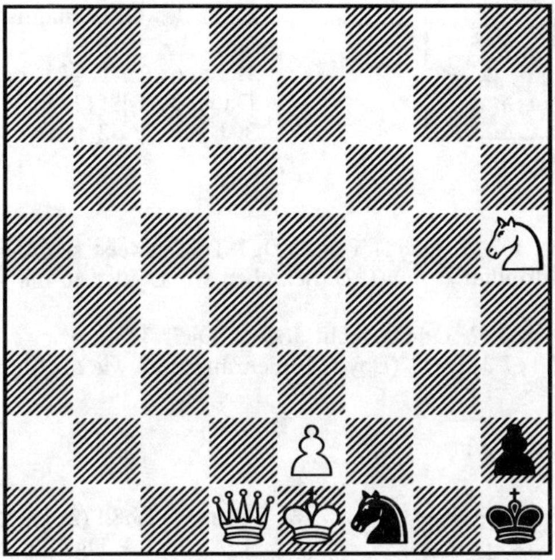

59 Matt in 4 Zügen

D. Kutzborski
Deutsche Schachzeitung 1970
Lob

59b Matt in 4 Zügen

59b Der Anregung durch Grasemanns Miniatur entsprang der Gedanke, das Thema auf das schwarze Spiel zu übertragen. Hier ist das pattvermeidende weiße Kraftopfer durch einen schwarzen Kraftzuwachs ersetzt. Natürlich läßt sich damit bei weitem nicht die spektakuläre Wirkung des Grasemannschen Stückes erzielen.
1. L: c6? (2. T: g2‡) patt!
Daher 1. Td3! (2. Th3‡) g1D 2. Td2† Dg2 3. L: c6 D: d2 4. Th1‡.

60 Nach 1. La1 ... f6? (2. Da7‡) Te3 2. Dg7 Te7! erweist sich der eigene Läufer als überaus sperriges Mobiliar (3. Da1‡?). Schieben wir es also in die Ecke unserer guten Stube:
1. Lh8! (2. Da7‡ bzw. 2. Dd4†!, nicht aber 2. Dg7? Tf6!)
1. ... Te3 2. Dg7 Te7 3. Da1‡ (Loyds Linienräumung, wie auch im folgenden Stück).

Illustrierte Rundschau
15. 7. 1949

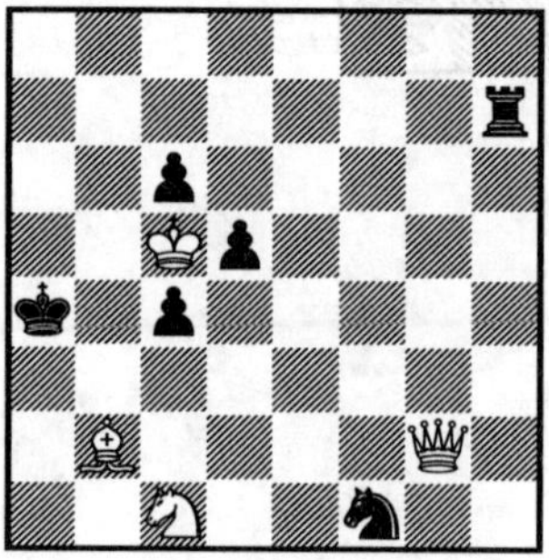

60a Matt in 3 Zügen

60a 1. Lh8!! (2. Da2‡)
1. ... Th2 2. Dg7 Th7 3. Da1‡.

61 Für das Matt der Dame auf c2 muß der Lh8 zuerst auf die Diagonale a5–d8 gebracht werden. 1. Lf6/Le5/Ld4? sind harmlos langsam und ermöglichen 1. ... Sf3! und 2. ... Se1!.
Daher 1. Lg7! (2. L: f8 3. Db4‡) Le7 2. Lf6 Lf8 3. Ld8,
1. ... Ld6 2. Le5 Lf8 3. Lc7, 1. ... Lc5 2. Ld4 Lf8 3. Lb6 4. Dc2‡.
„Einen kleinen Ableger" zu seiner Nr. 46 nannte H. G. einmal dieses Stück.

Hamburger
Problem-Nachrichten 1950

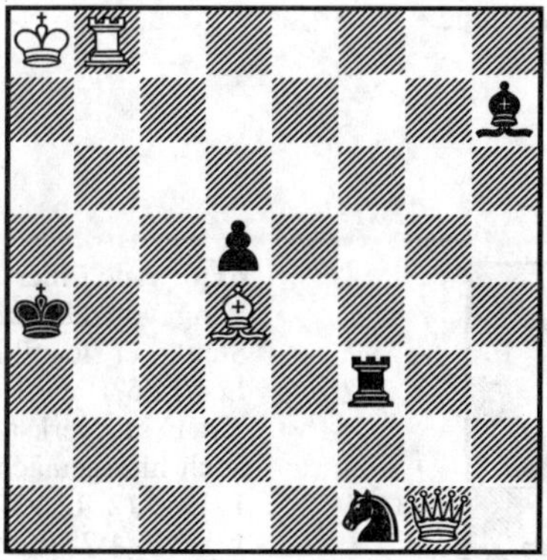

60 Matt in 3 Zügen

Deutsche Schachhefte 1950
(V.)

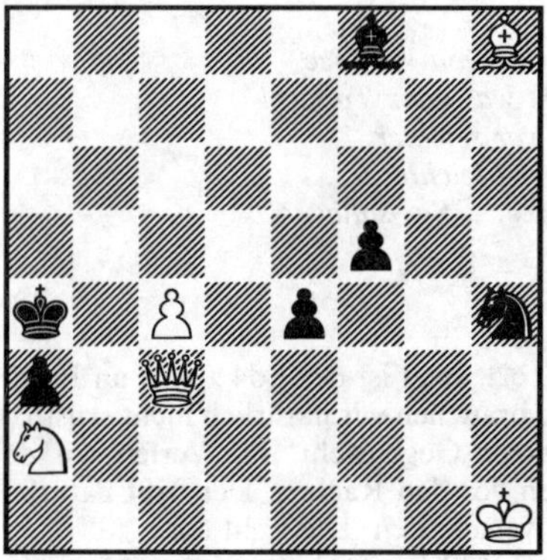

61 Matt in 4 Zügen

„Es sollte möglich sein, unter Erweiterung auf 5 Züge die Miniaturfassung des Gedankens zu bezwingen. Eigene Versuche stießen bisher auf den hartnäckigen Widerstand der spröden Materie. Wer überwindet ihn?"
(H. G. – Deutsche Schachzeitung 11/55)

Wenn auch dies nicht gelang, steigerte er in der Gemeinschaftsarbeit mit Breuer die Läufer-Opposition ins Vierfache.

mit *J. Breuer*
Schach 1957

61a Matt in 4 Zügen

61a Auch hier strebt der Lh1 zur Dekkung von e8 auf die Diagonale e8–h5. Steuert er sie mit Kavaliersstart an (1. Lf3/Le4/Ld5?), wird der schwarze Ordnungshüter aufmerksam (1. ... Lf8!). Daher auch hier gemächlich, aber bestimmt!
1. Lg2! (2. L: h3!)
1. ... Lg4 2. Lf3 3. Lh5, 1. ... Lf5 2. Le4 3. Lg6, 1. ... Le6 2. Ld5 3. Lf7, 1. ... Lc8 2. L: b7 Lh3 3. Lc6 4. Te8‡,
1. ... Lf8 2. L: h3 L: e7 3. Tc8‡.
„Mit ihm (Anm. d. Verf.: J. Breuer 7. 1. 1903–2. 8. 1981) eine zeitlang zusammenzuarbeiten, hat mir viel gegeben."
(H. G. – Deutsche Schachblätter 4/82)

Die 3. Ehr. Erw.
Wirkt auf mich wie ein Krimi von Wallace.
Gleich zu Anfang geschieht was ganz Tallace!
Was dann folgt, ist zwar seichter,
doch vielleicht kaum viel leichter.
Aus dem Publikum schallace: „Was sallace?"

62 1. Db6? (2. Db1‡) T: c2!. Jetzt ist der Ld4 zuviel an Bord, ohne ihn ginge 2. Dg1‡. Harmlose Räumungszüge brauchen wir natürlich nicht ernsthaft in Erwägung zu ziehen, da Schwarz stark genug zur Gegenwehr ist. Werfen wir den unnützen Läufer also großmütig dem Schwarzen vor den Rachen. Der frißt natürlich nur, wenn wir ihm mit List den nötigen Appetit verschaffen. Das geht so:
1. Da5! (2. D: d2‡) T: g2 2. Lf2 (nutzt das schwarze Manöver als kritischen Turmzug) T: f2 3. Db6 T: c2 4. Dg1‡. Natürlich mit Mustermatt.
1. ... Te2 2. Dh5 K: c2 3. D: e2† Kb3 4. Db2‡.

„Opferlos erzwungener Kritikus als Vorplan zu einer Opferbahnung, die die Beseitigung hinderlicher weißer Masse unter Beschäftigung des Schwarzen bewirkt."
(H. G. – Deutsche Schachzeitung 1/52)

Schach 1950
3. Ehrende Erwähnung
Informal-Ringturnier
5. Ehrende Erwähnung

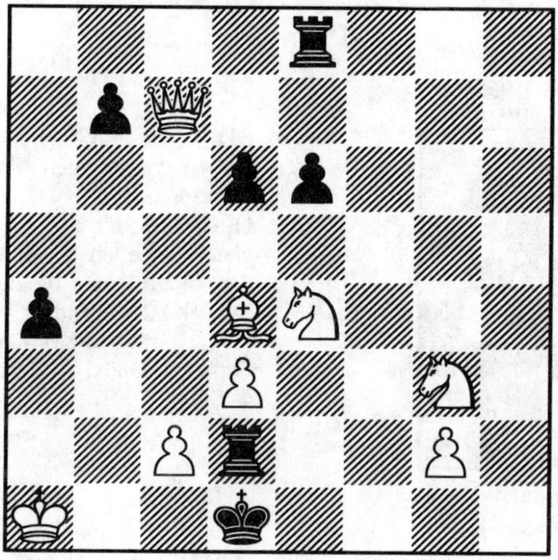

62 Matt in 4 Zügen

63 Weiß leidet an hinderlichem Übergewicht. Zuerst stört der Lf5! Ohne ihn ginge 1. Sf5 2. Sg3‡. Dann die Dg4, die den eigenen Läufer blockiert. Auf ärztlichen Rat strampeln wir also die überflüssigen Pfunde herunter. Das geht herzerfrischend und gar nicht zimperlich:

1. Dh3†! Ke2 2. Df1† K: f1 3. Lh3† Ke2 4. Lf1† K: f1. Nun paßt die Hose. 5. Sf5 Ke2 6. Sg3‡.

Ein Evergreen, einmal gesehen, nie wieder vergessen.

Die Welt 19. 8. 1950

63a Matt in 4 Zügen

63a Idee und Schema erscheinen im einfachen vierzügigen Konzept mit feinen Unterschieden.

Hier kann der Springer das Mattfeld sogleich anpeilen (1. Sd4?), das aber durch die eigene Dame blockiert wird.

1. … Kh2! verteidigt ausreichend.

(1. … Th8? 2. Se2† Kh2 3. D: g3‡).

Daher 1. De3†! Kh2 2. Dg1† K: g1 3. Sd4 4. Sf3‡.

Caïssa 1949

63b Matt in 4 Zügen

63b Die Ursprünge lassen sich bis zu diesem Stück, das uns eine Geschichte aus dem Leben erzählt, zurückverfolgen:

Der karrierelüsterne Weiß setzt eigennütziger Ziele wegen die eigene Dame auf's Spiel. In weißer Weste und scheinheiliger Distanz wäscht er seine Hände in Unschuld, tut unbeteiligt und – gönnen Sie uns einen Ausflug ins Klischee – läßt sie in Schönheit sterben.

1. e8S 2. Sf6‡ geht noch nicht. Daher

1. Dh8†! Kg4 2. Dh5† K: h5 3. e8S! Kg4 4. Sf6‡, 3. … Sg4 4. Sg7‡.

Deutsche Schachblätter 1950
2. Preis
Informal-Ringturnier
5. Preis
Kurt Richter zum 50. Geburtstag

63 Matt in 6 Zügen

Dr. A. Kraemer
Österreichische
Schachzeitung 1955

63c Matt in 8 Zügen

63c Kraemer griff den Gedanken einige Jahre später auf und steigerte ihn ins Dreifache:
1. Se5? (2. Sf3‡?) scheitert noch an der Existenz der Df3. Ihre Beseitigung ohne Tempoverlust erfordert sechs Züge.
1. Ta6! Sc2 2. Ta1† S: a1 3. Ta6 Sc2
4. Ta1† S: a1 5. Da8 Sc2 6. Da1† S: a1
7. Se5 und 8. Sf3‡.
Kraemer charakterisierte die Nr. 63 und sein darauf aufbauendes Stück als „hochgezüchtete ‚Opferminimale' ". (Im Banne des Schachproblems, 2. Aufl., Berlin – New York 1971, S. 166)

64 Gar zwei Schlupflöcher hat Schwarz im Probespiel: 1. Dd3†?,
eins links 1. ... K: c5 2. Ld6† K: b6!,
eins rechts 1. ... K: e5 2. Sd7† Kf4!.

Im Vorplan werden sie nacheinander gestopft, wobei zunächst der Schwarze einen gefährlich erscheinenden Nadelstich austeilen darf.

1. Lg8! (2. L: e6‡) T: g8† 2. Ka7 (3. Dd4‡) Tg4 (erst das eine direkt) 3. f4! T: f4 (dann das andere indirekt) 4. Dd3† K: c5 5. Ld6‡ bzw. 4. ... K: e5 5. Sd7‡.

Schach 1950
1. Preis
(V.)
Dr. E. Zepler gewidmet

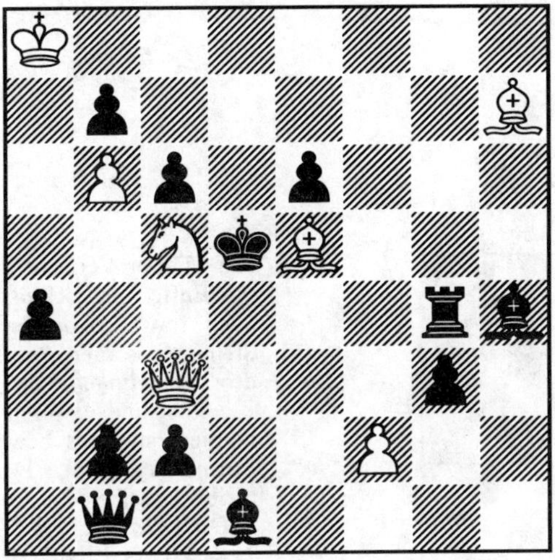

64 Matt in 5 Zügen

65 Das Feld b7 ist vorerst von Schwarz ausreichend gedeckt. Weiß muß daher eine der Diagonalfiguren erorbern.

1. Dh3! (2. D: h1) Ld5† 2. Kh8 Df3/De4. Der Läufer hat seiner Dame den rettenden Fluchtweg gebahnt. Vorerst scheint alles in Ordnung. 3. De6!. Die überraschende Rückkehr zerstört alle Illusionen. (2. ... Df3 erweist sich nun als verhängnisvolle Verbahnung des Läufers, dem der Fluchtweg nach unten abgeschnitten ist.)

4. D: d5† D: d5 5. Lb7† D: b7 6. a: b7‡.

Schachspiegel 1950
(V.)

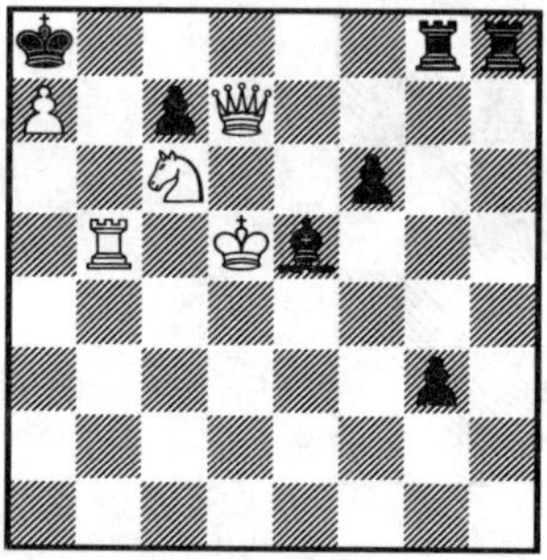

65a Matt in 6 Zügen

65a Unter Verzicht auf den effektvolleren Entfernungsschlüssel geht's natürlich auch im Horizontalschema, ganze vier Steine sparsamer sogar. Wer sich nicht an der zweideutigen Verwandlung im Mattzug stört und dadurch ein richtiges Ökonomieverständnis beweist, dem sei diese Form zugedacht. Das Lösungsschema bleibt dasselbe.

1. Dh7! (2. D: g8† 3. Tb8†) Td8†
2. Kc4 Thf8 3. Dd7! 4. D: d8†
5. Tb8† und 6. a: b8D(T)‡,
2. ... Td4† 3. Kb3! Td3† 4. D: d3! (Deshalb reichte im Schlüssel das scheinbar gleichwertige 1. Dg7!? nicht!),
3. ... Tb4† 4. T: b4!.

66 Wieder einer der seinerzeit seltenen Selbstmatt-Längstzüger mit Drohung (vergl. Nr. 49).

1. Lb7! (2. Sb6† Kb5 3. Ld5 Dh8‡) Sg8 (sperrt die Horizontale) 2. Lg2 D: g2 3. Sd6† Kd5 4. Lb8 Dg7‡.

Lippische Landeszeitung 11. 5. 1950
(V.)
1. Preis
Informal-Ringturnier
4. Preis

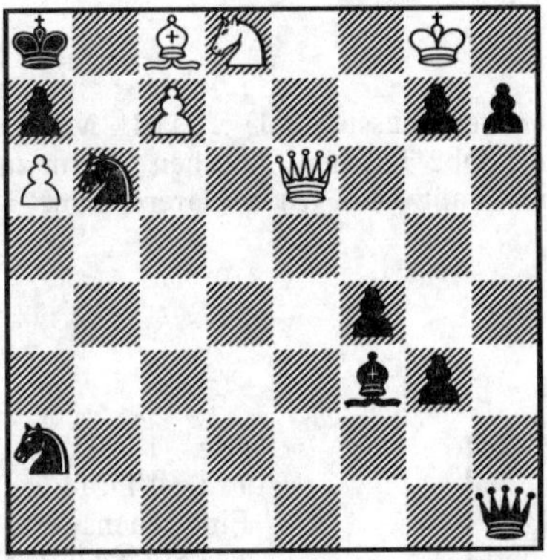

65 Matt in 6 Zügen

Die Schwalbe 1950
3. Ehrende Erwähnung

66 Selbstmatt in 4 Zügen,
Längstzüger

67 1. … Tg7† 2. Sg5‡, 1. … Tg6† 2. Tg3‡.
Kreuzschach im Satz, Fesselung in der Lösung bestimmen den Inhalt.
1. Dg5! (2. Dd5‡)
1. … Tg7 2. S: b5‡, 1. … Tg6 2. Te3‡ mit Mattwechsel.
1. … K: e4 2. Te3‡, 1. … Le5 2. De3‡.

68 1. Db2? (2. Db8‡) scheitert massiv an 1. … Tb1!. Mit 1. Dg2! Tf3 beseitigen wir den „richtigen", um nach 2. Db2 Tb1 den „falschen" Turm zu bemühen. 3. Dh8‡. Ein Weglenkungs-Dresdner (Palitzsch-Typ) in klarer Form.

Schach-Expreß 1949

68a Matt in 3 Zügen

68 a 1. f8D? (2. Dd6‡) D: f8! (2. S: e6‡?), 1. Tg4! D: f4 2. f8D T: f8 3. S: e6‡. Eine sehenswerte Verführung ist 1. Tg1? Td3! 2. Td1 Td2!.

Deutsche Schachblätter 1950

68b Matt in 3 Zügen

68 b 1. Te1? Tg1!
1. Ta5! (2. T: a4† 3. Ta1/Te1‡) T: a5 2. Te1 Tg1 3. Lb1‡.
Und wieso nicht der andere Turm?
1. Ta6!? T: a6 2. Te1 Lf7†!.
Da haben wir's!

Die Neue Zeitung 1951

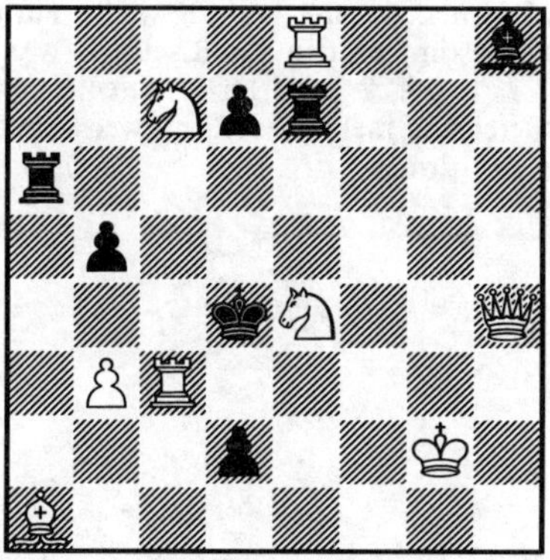

67 Matt in 2 Zügen

Die Neue Zeitung 1951

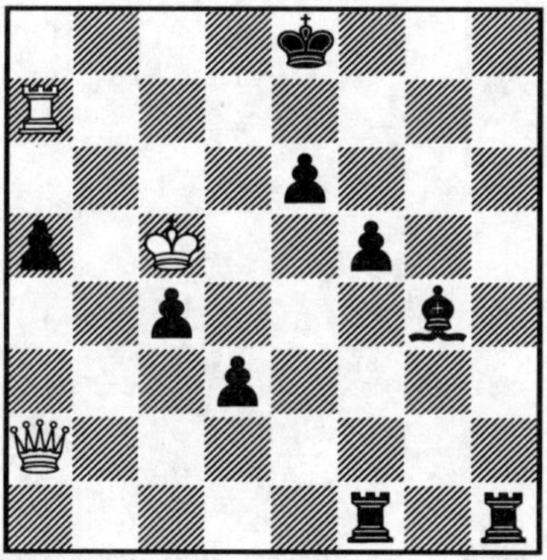

68 Matt in 3 Zügen

69 Eine von der Struktur interessante Synthese von Inder und Römer bietet dieses Stück.

1. f: g4? (2. Sf3‡) Lb7!,

1. Ta ... c4? Ld7 2. f: g4 Lc6! oder

1. Ld5? Lf5 2. f: g4 Le4! scheitern einmal daran, daß der schwarze Läufer noch nicht schädigend gelenkt, ein andermal daran, daß der weiße Turm nicht kritisch gezogen wurde. Beide Erfordernisse bestimmen den Schlüssel.

1. Td4! Lf5 (1. ... Ld7? 2. T: d7!) 2. g: f4 Le4 3. S: e4 K: g4 4. Sd6‡.

Da sind wir wieder in Bereichen mehrzweckiger, zweckreiner Manöver. (Erinnern Sie sich der Nr. 24–26a?)

Dr. F. Palitzsch
Dresdner Anzeiger 1926

69a Matt in 4 Zügen

69a In dieser Hinsicht unterscheidet sich das inhaltliche Anliegen Grasemanns von dem Palitzsch', dessen Vierzüger freilich künstlerisch kaum zu übertreffen ist, zumal die thematische Verknüpfung von Inder und Römer hier sogar doppelt gesetzt ist.

1. Ta7! Lb5 2. Lh3 Ld7 3. L: d7,

1. ... La6 2. Lg2 Lb7 3. L: b7 4. Le4‡.

1. ... Lg8 2. L: d3† Kh8 3. Lg6!

70 1. L: h7†? Kd5 2. Se3†? wäre ohne den Ld6 matt, so geht 2. ... Kc6! Also hinweg mit dem Taugenichts!

1. Lh2!? Se6! ist natürlich zu langsam. Daher mit der bewährten Beschäftigungstherapie: 1. Sb6! (2. L: h7‡) Th1 2. Lh2 T: h2! 3. Sa4 (4. S: c3‡) Tc2 und Happy-End 4. L: h7† Kd5 5. Se3‡.

1. K: d8? f2 2. Kc7 Sf4!

Die Schwalbe 1951
4. Ehrende Erwähnung
C. Schrader zum 50. Geburtstag

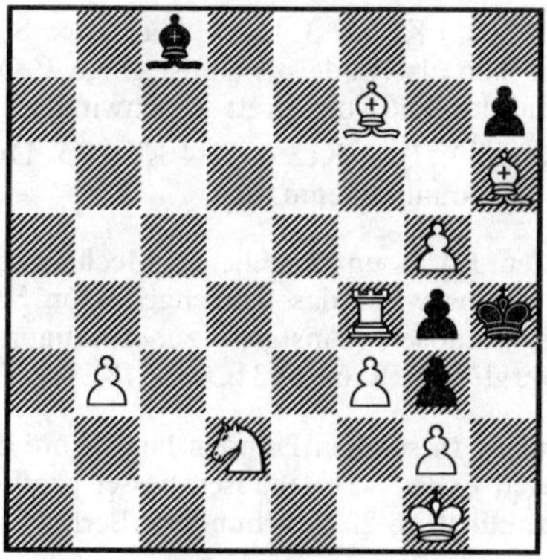

69 Matt in 4 Zügen

Deutsche Schachzeitung 1951
(V.)
J. Halumbirek zum 60. Geburtstag

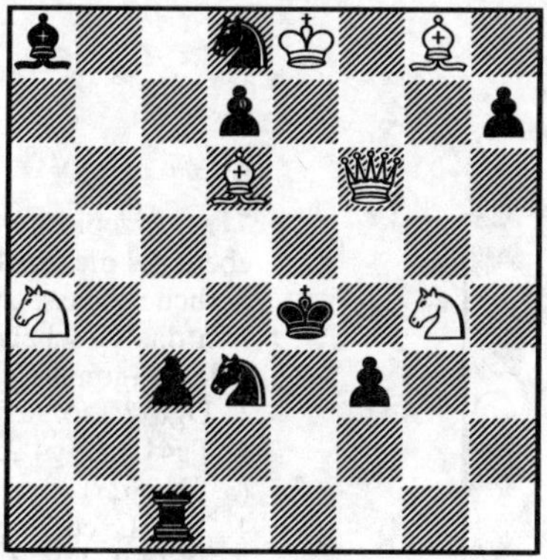

70 Matt in 5 Zügen

71 Auf den ersten Blick scheint es, die weiße Übermacht habe leichtes Spiel, zumal dem umzingelten König als Fluchtfeld nur c3 zur Verfügung steht. Daß sich schließlich ein Teil der weißen Schwerfiguren als störende Masse erweist, die es zu beseitigen gilt, ist umso verblüffender. Ohne den Te7 ginge 1. Dg7‡. Seine Beseitigung ist jedoch nur auf einem Umweg zu erreichen, nämlich durch Staffelung zweier direkter Vorpläne.

1. Te4†? Kc3 2. Td4 (3. Se2‡) K: d4? 3. Dg7‡, aber 2. ... S: d4!.
Jetzt erweist sich auch der Tb6 als Hindernis (sonst ginge 3. Da5‡).

Folglich muß erst einmal der Tb6 vom Brett verschwinden.

1. Tb4†! Kc3 2. Td4 K: d4 3. Te4† Kc3 4. Td4 K: d4 5. Dg7‡, 4. ... S: d4 5. Da5‡ mit zwei wunderschönen Diagonaldamenmatts.

Ein in dieser vollendeten Form unvergeßlicher Mechanismus. Wie in einer Reihe anderer Aufgaben Grasemanns wirkt das Schachgebot im Schlüssel überhaupt nicht als Mangel, sondern als virtuoser Kunstgriff zur Erlangung einer sparsamen und einprägsamen Fassung (vergl. Nr. 59, 63–63 b, 91, 118).

„Ja, ja, der Grasemann! – In solchen Händen liegt heute das Erbe der Großen um Kohtz und ihres Interpreten Frhr. v. Holzhausen besser gehütet als eh und je!"
(Dr. A. Kraemer: Problemkunst im 20. Jahrhundert, Berlin 1957, S. 40)

Und weshalb kein Preis? Für alle Turniergläubigen: Idee und Schema hatten eine längere Vorgeschichte und fügten sich erst nach Jahrzehnten in eine korrekte Form.

(Th3 und Bh2 verhindern die Nebenlösungen 1. S: f5† bzw. 1. Se4?!

D. Przepiorka
Schweizerische
Schachzeitung 1916
1. Preis

71a Matt in 4 Zügen

71a Przepiorka zeigt in früher Fassung ebenfalls die konsekutive Beseitigung hinderlicher Masse zweier Türme. Hier rankt sich das Geschehen jedoch nur linear um eine Diagonale (c6 ... g2).
1. Dg6†? Lf5! (2. Dg2‡?)
1. Tg4†!? L: g4 2. Dg6† Df5!
(3. D: c6‡?)
1. Te6! L: e6 2. Tg4† L: g4
3. Dg6† L/Df5 4. Dg2/D: c6‡.
1. ... Sf4 2. D: f4† Kd3
3. Df3† Kc4 4. Tg4‡.
Dasselbe Thema einmal in ersten Mono-Klängen (Nr. 71a), ein andermal in voller Stereophonie (Nr. 71).

Schach 1951
(V.)

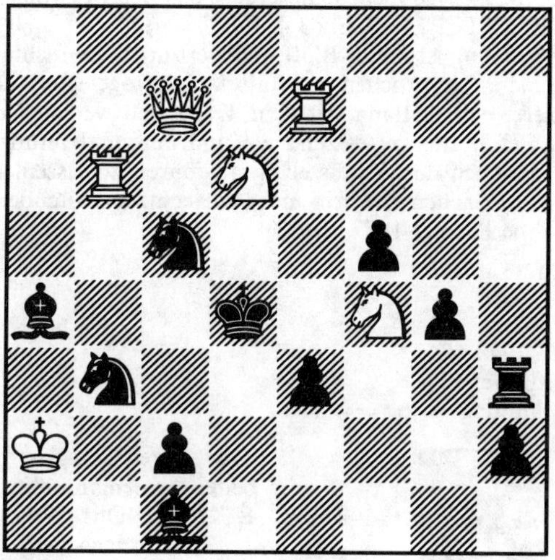

71 Matt in 5 Zügen

72 Schwarz steht patt: Th1 deckt – über den rechten Brettrand hinweg – a1, Ld8 – über h4, a3 – b2 und c1.

1. 0–0! K: a1 2. Kg2‡ erzählt uns ein schönes indisches Märchen und ist zugleich ein Unikum: Indischer Sperrzug und Kritikus (und zwar genau in dieser Reihenfolge, richten wir uns nach dem für die Rochade geltenden Partiereglement) fallen in einem Zug zusammen. Das alles nur mit sechs Steinen und zwei Zügen. Sicherlich ein Rekord, wäre dieser Begriff in Grasemanns Sinne!

73 Die Satzspiele 1. ... c2 2. Ta1‡, 1. ... Kb/d1 2. S: c3† Kc/: e1 3. Ld2/Te2‡ lassen sich mangels weißer Wartezüge nicht realisieren. Also heißt es vollkommen umdenken!

1. Kf2! g1D† 2. K: g1 Lg2/Lf3 3. S: c3 4. Ld2‡.

Die weiße Königsstellung ist reiner Bluff, indiziert doch die rechte Bretthälfte völlige Unbeweglichkeit. Eine ausgesprochen auf Rätseleffekt angelegte Aufgabe.

„Ich experimentierte eine zeitlang mit dem Trick, den weißen König scheinbar zur Unbeweglichkeit in der Brettecke festzunageln und ihn zur Irreführung besonders der routinierten Löser dennoch den Schlüsselzug ausführen zu lassen. Heraus kam dabei eine Handvoll kleinerer Sachen mit dem nicht aufrechtzuerhaltenden Zugzwang."
(H. G. – Schach ohne Partner 1977, S. 71)

nach J. Chocholous
Schach-Expreß 1948
Informal-Ringturnier
1. Ehrende Erwähnung

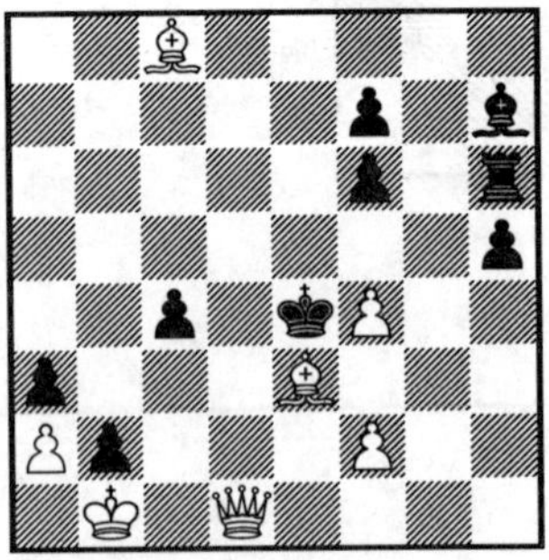

73a Matt in 4 Zügen

73a Bereits in diesem frühen Stück arbeitet Grasemann mit demselben Effekt.
1. Kc2! (2. Dh1‡) b1D† 2. K: b1 (3. Lc1 4. f3‡), wonach zwei Voraus-Fernblocks entstehen, nämlich
2. ... Tg6 3. Lb7† Kf5 4. Dd7‡ und
2. ... c3 3. Dh1† Kd3 4. La6‡.
Jahre später stieß Grasemann auf Chocholous' Dreizüger, der dieselben Mattführungen aufweist (Nr. 73 b). Die Prioritätsrechte respektierend, entschloß er sich trotz der unterschiedlichen Zielsetzungen beider Stücke, seine Aufgabe fortan mit dem Vorgängerhinweis zu veröffentlichen. Eine faire Regelung!
„Ein verblüffender Schlüssel mit Schachprovokation! Der Königszug erscheint sinnlos, da er gleich wieder zurückgezwungen wird, er leitet aber zwei schöne, echoartige Spiele mit Fernblockungen und reinen Mattbildern ein."
(Preisrichter C. Eckhardt und H. Rosenkilde)

Schachmatt 1951

72 Matt in 2 Zügen
(Zylinderbrett)

Deutsche Schachzeitung 1952
(V.)

73 Matt in 4 Zügen

J. Chocholous
Cesky sportek sachovu 1895

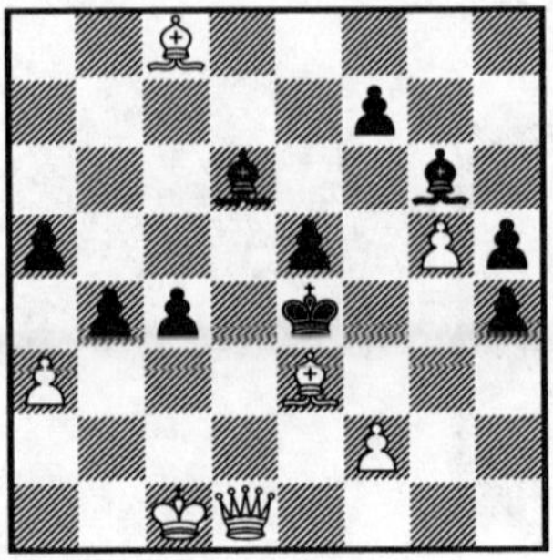

73b Matt in 3 Zügen

73b 1. Kb1! (2. Lc1 3. f3‡)
1. ... b: a3 2. Kc2 3. Dh1‡,
1. ... c3 2. Dh1† Kd3 3. La6‡,
1. ... Lc5 2. Lb7† Kf5 3. Dd7‡.

Berliner Morgenpost 19. 9. 1954
(Version)

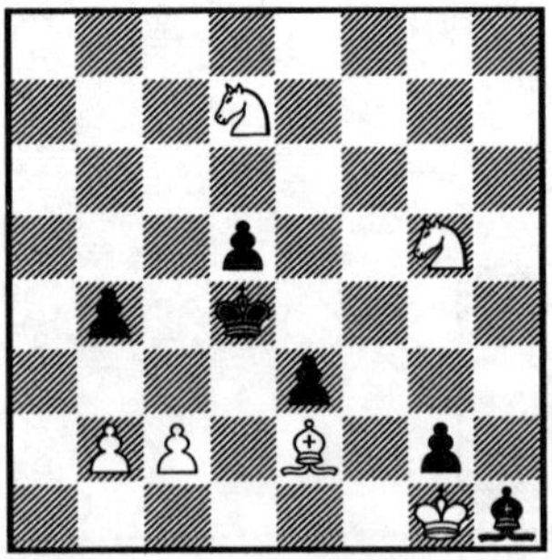

73c Matt in 4 Zügen

73c Einige Jahre später rundete Grasemann den originellen Gedanken mit einer besonders einprägsamen Fassung ab, in der sich der weiße König im Schlüssel – anders als in den vorangegangenen Stükken – vom Geschehen sogar entfernt.
1. Kh2! g1D† 2. K: g1
2. ... Lf3 3. Se6† Ke4 4. Ld3‡,
2. ... Lg2 3. K: g2 b3 4. c3‡.

74 Die wohl erste Darstellung einer vollständigen Perilenkung in Miniaturform. Im Gegensatz zu anderen Komponisten hat Grasemann die Miniaturform nie um ihrer selbst willen angestrebt. Sie war bei ihm stets das – eher zufällige – Ergebnis eines allgemeinen, nicht auf eine magische Steinezahl festgelegten Ökonomiestrebens.

1. Kc2! (2. Da5†) Lg6† 2. d3 L: d3† 3. Kc1 Lb5 4. D: b5 5. Da4‡.
Selbstverständlich mit Mustermatt.

Deutsche Schachzeitung 1952

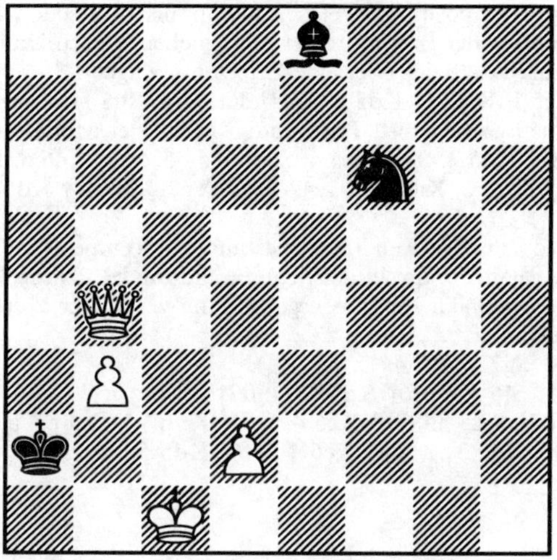

74 Matt in 5 Zügen

Im Schaffensdrang

Nacht für Nacht saß Herr Kolzinsch aus Lettland
komponierend am äußersten Bettrand.
Ob's schon hell war, ob nicht –
immerfort brannte Licht,
was Frau Kolzinsch nicht gerade sehr nett fand.

75 Eine gewaltige Komposition! Welcher Komponist hat schon Mut und Können, den schwarzen König in der Brettmitte der beweglichen weißen Dame und Batterie der Leichtfiguren auszusetzen? Dies über eine Zeit von 6 Zügen!

Weiß möchte mit 1. S: d7†? Kd5 2. Dc4† K: c4 3. Sb6 mattsetzen, was vorerst an der Intervention des Lg1 scheitert. Todesmutig ordnet der Monarch die Geschicke:

1. Ka5!! (2. S: d7† Kd5 3. Sf6† Ke5 4. Se4† Kd5 5. Sc3† Kc6 6. Dc8‡) Lb6† 2. Kb5! (3. S: d7†) Tb2† 3. Ka4! (4. De4‡/Sg8†) Te2 4. S: d7† Kd5 5. Dc4† K: c4 6. S: b6‡.

Der 2. Zug ist von der Notwendigkeit bestimmt, à Tempo (Beschäftigungslenkung) zurück nach a4 zu gelangen, um in der Schlußwendung b3 überdeckt zu halten. Also ein reiner Zwischenplan zur Wiedergewinnung verlorener Werte (2. Ka4? Lg1!).

Nebenvarianten sind:
1. … Se6 2. Sg8† Sg7 3. Se7 4. L: g7‡,
1. … Sh7 2. Sh5† Sf6 3. L: f6† Kd5 4. D: d7†!,
1. … Lh2 2. S: d7† Kd5 3. Sb6† Kc6 4. Dc4† K: b7 5. Dc8† Ka7 6. Da8‡,
1. … Ld4 2. Se8† Kd5 3. D: d4† Ke6 4. Df6† Kd5 5. Sc7†!.

Ein Monumentalwerk! Viel Schweiß für den Komponisten und die Löser!

„Monate habe ich damit zugebracht, den Bg5 wegzupolieren. Schließlich gab ich es auf: eine meiner vielen Niederlagen gegen die störrische Materie."
(H. G. – Deutsche Schachblätter 10/77)

„Ein Bravourstück von außerordentlicher Schwierigkeit."
(Dr. A. Kraemer/Dr. E. Zepler – Problemkunst im 20. Jahrhundert, S. 40)

„Wer diese Aufgabe nicht kennt, hat nicht alles vom Schach gesehen! Zeigt sie unseren Partiespielern!!"
(J. Breuer – Die Schwalbe 1954, S. 237)

Die Löser waren Preisrichter und gaben dieser Aufgabe den verdienten 1. Platz.

Schach 1952
1. Preis

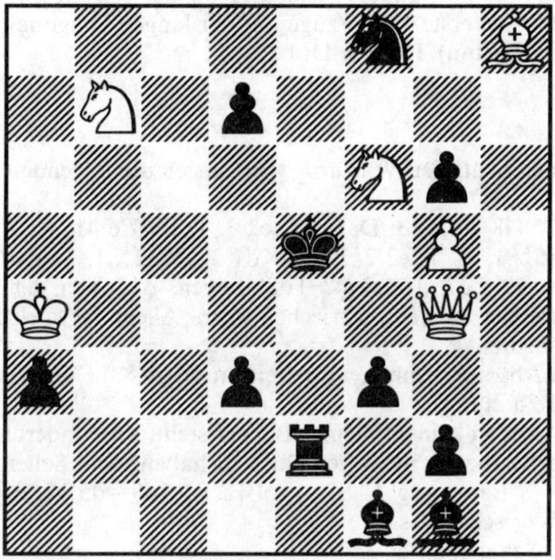

75 Matt in 6 Zügen

76 Weiße Linienverstellungen gilt es tunlichst zu vermeiden!

1. c6†? Ke4! zeigt, daß die Db7 das Feld e4 von woanders überdecken muß. Dabei muß sie mit Bedacht vorgehen, denn einen Teil der anti-(peri-)kritischen Verführungen kann Schwarz seinerseits als kritische Züge interpretieren.

1. Df3? (2. c6‡) S5: c4!, 1. Dg2? Sd5? 2. Sc2‡, aber 1. ... Sc6! (2. Sf3‡?),
1. Db1? Sc6? 2. Sf3‡, aber 1. ... Sd5! (2. Sc2‡?).
Also 1. Dh7!!.

77 1. Db4? (2. Ld4 ... h8 3. De1‡) scheitert an der schwarzen Reserve 1. ... c5!. Gleiches gilt für beliebige erste Läuferzüge auf der langen Diagonale.

1. Lh8! c5 2. Dg7 (Turton) T: a3 3. D: b2‡.

78 Hätte Weiß einen neutralen Wartezug, ließen sich die folgenden Satzspiele realisieren:

1. ... Td8/7/6/4 2. Tf8/7/6/4 (3. De1‡) T: e2 3. T: d8/7/6/4‡, 1. ... Te: e5
2. Tf5 T: e2 3. T: d5‡, 1. ... T: e2 2. De3† Kd1 3. D: e2‡, 1. ... Kd1 2. Tf1†!

1. e6? Td6!, 1. Se7? Td7, 1. Sf8/4? Td8! zeigen, daß sich der Td5 geschickt im Windschatten des weißen Steines verkriechen kann. Allein der spektakuläre Eckzug

1. Sh8!! verdirbt nichts.

Die anschließenden Abspiele kennen wir bereits aus dem Satz. Grasemanns Beitrag zum Thema der Linienfreihaltung.

„Warum die Aufgabe in keinem meiner Bücher steht, verwunderte Freunde? Weil ich mich immer geärgert habe, es nicht geschafft zu haben, dem Schema einen Vierzüger abzuringen mit der S-Bewegung 1. Sf4–g6! (z. B. Td8–d5) 2. Sg6–h8!. Das wäre schon eher etwas. Wer schafft es?"
(H. G. – Deutsche Schachblätter 3/78)

E. Brunner
Alpine Chess 1921

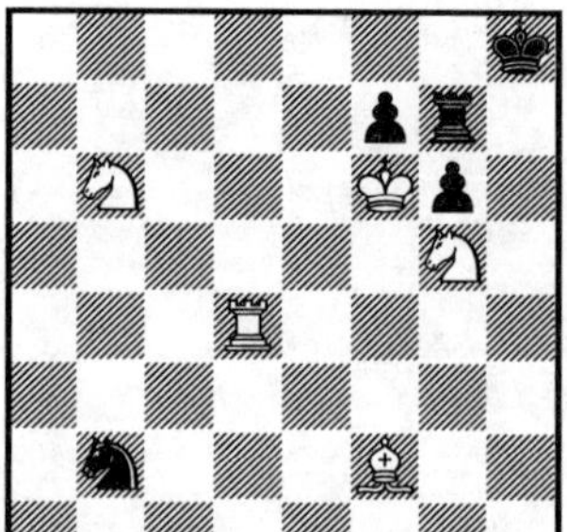

78a Matt in 3 Zügen

78a Eine frühe, einprägsame Darstellung des Themas stammt von Brunner. Allein 1. Sa4! – mit der Folge 2. T: S 3. Ta/h‡ – vermeidet schädliche Linienverstellungen. Die hier erreichte Sparsamkeit ist wohl kaum zu überbieten. Grasemanns lösernahes Stück lebt dagegen von dem besonders überraschenden Schlüsselzug des Springers in die entlegene Ecke.

mit *G. Latzel*
Schach 1952
2. Preis

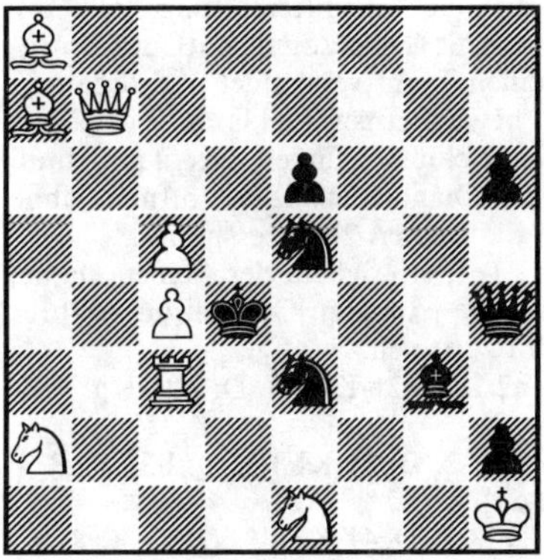

76 Matt in 2 Zügen

Stuttgarter Zeitung 1953

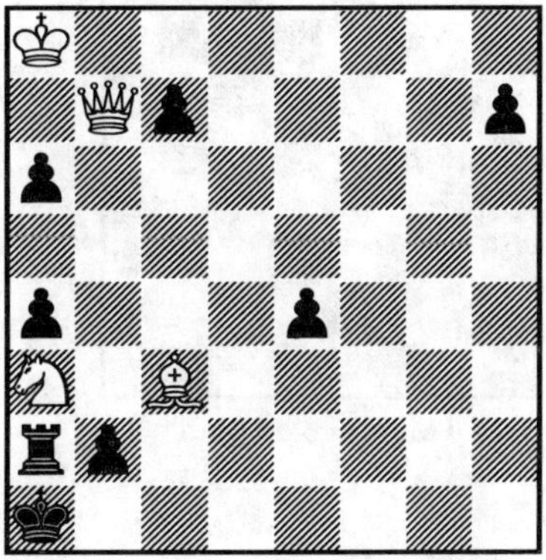

77 Matt in 3 Zügen

Berliner Morgenpost 24. 12. 1953

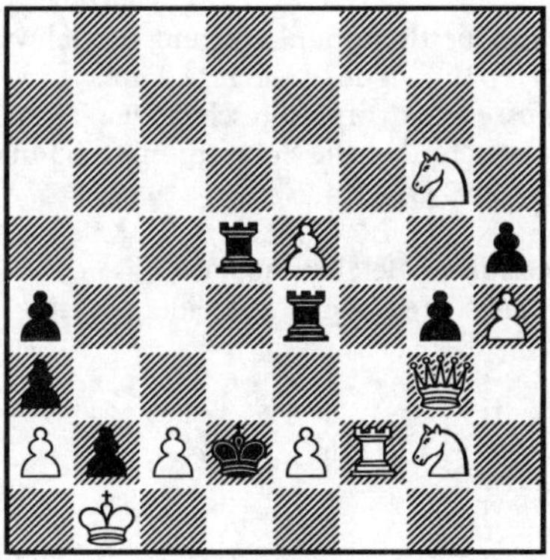

78 Matt in 3 Zügen

Dr. B. Kozdon
Deutsche Schachzeitung 1959
1. Preis

78b Matt in 4 Zügen

78 b In moderner Aufmachung präsentiert sich die Linienfreihaltung bei Kozdon, der als Themafigur statt des Springers einen Turm verwendet und damit zu einer bewundernswert klaren Form mit idealem Schlüssel findet. Der Turm muß hier die Diagonale a2–g8 öffnen, ohne dabei die Reihen 2–4 zu sperren.
Nur 1. Te1! ermöglicht der weißen Dame, im 3. Zuge jeweils in Opposition zu ihrer Rivalin zu treten.
1. ... h2 2. Da2† Kh8 3. D: h2† Kg8 4. D: b8‡,
1. ... Dc8 2. Db3† Kh8 3. D: h3† Kg8 4. D: c8‡,
1. ... Dd8 2. Dc4† Kh8 3. Dh4† Kg8 4. D: d8‡,
1. ... Kf8 2. Da2! Db7 3. Dg8†! K: g8 4. Te8‡.

79 Nach 1. Se5? Da6! kann die Brennpunktstellung der schwarzen Dame nicht genutzt werden: 2. Tb5? (3. Sd3‡) Tb3!, 2. Td6? (3. Sg6‡) Th6!.
Mit 1. Lb8!! (2. L: c7‡) müssen wir vorab die schwarzen Türme ausschalten. Sie werden jeweils kritisch bzw. perikritisch über die Schnittpunkte b5 und d6 hinweggelenkt.
1. ... Tb: b8 2. Se5 Da6 3. Tb5 D: b5 4. Sg6‡,
1. ... Th: b8 2. Se5 Da6 3. Td6 D: d6 4. Sd3‡, 3. ... K: e5 4. D: d4‡.
Mit maßgeblicher handwerklicher Beteiligung hat Grasemann eine Idee von Lepuschütz in das elegante Gewand dieses Preisträgers gekleidet.

mit *Dr. H. Lepuschütz*
Schach 1953
1. Preis

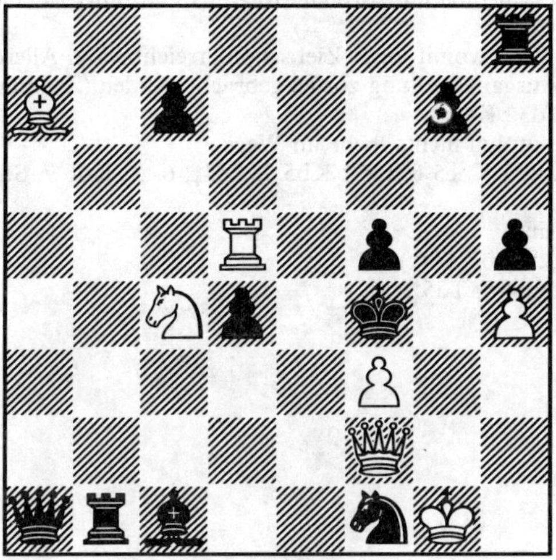

79 Matt in 4 Zügen

80 Allein die Mattführung des Hauptplans ist ein Problem für sich, wollen doch erst einmal zwei nicht alltägliche sukzessive Opfer beider Türme erkannt werden.

1. Td4†? K: d4 2. Tc5 (3. Tc4‡) K: c5 3. Le3† Kd6? 4. Sc4‡, aber 3. ... Kb5!. Stünde der schwarze Ba6 auf a5, würde 4. Lc4‡ gehen. Gerade dieser winzige Bauernschritt macht den unscheinbaren Vorplanerfolg aus und führt zu einem Fernblock.

1. Tb3! (2. T: b4‡) a5, womit unser Ziel schon erreicht wäre. Allerdings muß erst der Tb3 wieder in die Ausgangsstellung zurückgebracht werden (Zwischenplan).
2. Te3† Kd4 3. Td3† Ke4.
Jetzt steht dem Hauptplan nichts mehr im Wege.
4. Td4† K: d4 5. Tc5 K: c5 6. Le3† Kb5 7. Lc4‡, 6. ... Kd6 7. Sc4‡.

Nebenvarianten sind:
1. ... f2 2. Ld2 (3. T: b4/Tf4†),
1. ... c5 2. Te3† Kd4 3. Td5‡.

Schach 1953
(V.)
4. Preis

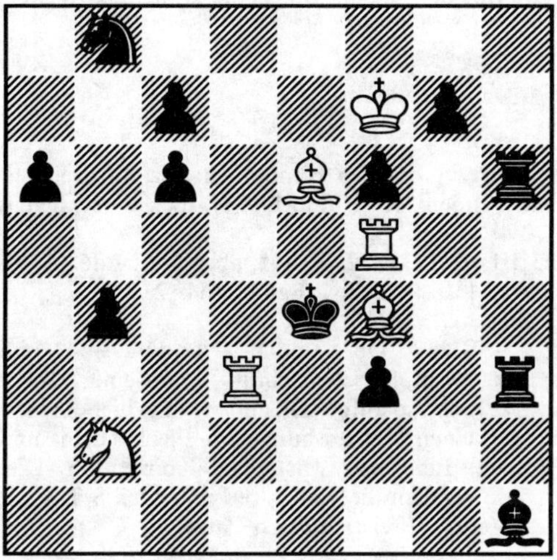

80 Matt in 7 Zügen

1953 regte der Problemsachbearbeiter des Badischen Schachverbandes, Georg Albert Becker, einen Mannschaftswettkampf der Problemfreunde Badens und Groß-Berlins an. Dieser Ausschreibungsmodus ging auf Grasemann zurück. Wie sollten einfacher die Komponisten im Ost- und Westteil unserer Stadt gleichermaßen angesprochen werden? Damals war's dank Grasemanns Initiative und Persönlichkeit noch möglich!

Für die siegreiche Mannschaft stiftete der Badische Schachverband einen Wanderpokal. Gekämpft wurde in drei Abteilungen: Zwei-, Drei- und Mehrzüger (4–6‡). (Parallel lief ein Märchenschachwettkampf). Das Turnier war ein voller Erfolg für die Berliner. Oder besser gesagt, für einen Berliner: Es war Grasemanns Turnier mit ersten Preisen in allen Abteilungen, dort jeweils gefolgt von Bruno Sommer, Berlin. Der Endstand lautete 47:19 Punkte für Berlin. Im Folgejahr sollte der Rückkampf ausgetragen werden.

81 Nach beliebigem Wegzug des Se5 könnte Schwarz auf dreierlei Art das drohende Damenmatt auf e5 abwenden: 1. ... Sd6/Ld6/L: d4!. Versuchen wir einen gezielten Wegzug!

1. Sf3? Sd6? 2. Sc3‡, 1. ... L: d4? 2. T: d4‡, aber 1. ... Ld6!, 1. Sg4? Sd6? 2. Sf6‡,
1. ... Ld6? 2. Dg8‡, aber 1. ... L: d4!, 1. Sg6? L: d4? 2. Se7‡,
1. ... Ld6? 2. Dg8‡, aber 1. ... Sd6!.
1. Sd3! Sd6 2. Sc3‡, 1. ... Ld6 2. Db3‡ und 1. ... L: d4 2. Sb4‡.

„Der Verfasser spricht – m. E. sehr richtig – von einer Übertragung des Fleck-Themas auf das schwarze Spiel; so aufgefaßt, entsprechen hier die mehrfachen schwarzen Verteidigungen den mehrfachen Mattdrohungen im Fleck-Thema und die Verführungen den Fleck'schen Paraden. Eine sehr geistreiche Konzeption. Die Konstruktion ist meisterhaft, insbesondere gefallen die 4 alles verbindenden S/T-Verstellungen. Ein sehr schönes einprägsames Werk." (Preisrichter G. Latzel)

82 Kreuzschachaufgaben kennt die Problemliteratur zur Genüge! Schauen Sie aber, was ein Könner aus diesem Thema macht. Schon der überaus schöne und gleichermaßen verblüffende Schlüssel gelingt nur der Meisterhand.

1. Ld6! (stellt sich ein, entfesselt Se6 und droht 2. Sb8‡). Wohin immer das Roß nun flüchtet, wild wiehernd und Huftritte verteilend, es wird wieder eingefangen und auf e4 angeleint: 1. ... Sc5† 2. Kf5† Se4† 3. Le5‡, 1. ... Sg5† 2. Ke3† Se4† 3. Lf4‡,
1. ... K: d6 2. Se5† Kc7/5 3. De7‡, 1. ... b5 2. Ke5† S: f3† 3. D: f3‡, 1. ... Te5†
2. K: e5† S: f3† 3. D: f3‡ (wie im Satz).

„Zwei konsekutive Kreuzschachs in meisterhafter Doppelsetzung. Die Stellung ist erstaunlich klar für das schwierige Thema."
(Dr. A. Kraemer/Dr. E. Zepler – Problemkunst im 20. Jahrhundert, S. 38)

„Klarer Erster, ein Meisterwerk. Loydsche Phantasie in Kraemerscher Form. Der gelungene Schlüssel, die leichthändig erzielte Begrenzung der Zugmöglichkeiten des wKönigs, der überraschend mehrfache Einsatz der scheinbar nur fesselnden Dame, die wunderbaren Nebenspiele und nicht zuletzt die kühne Idee ergeben ein klassisches Werk von Dauerbestand." (Preisrichter G. Latzel)

1. Wettkampf Baden – Berlin 1953
1. Preis

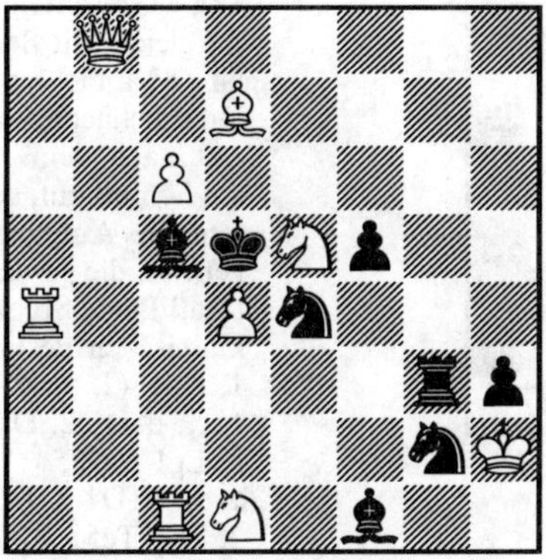

81 Matt in 2 Zügen

1. Wettkampf Baden – Berlin 1953
1. Preis

82 Matt in 3 Zügen

Dr. A. Kraemer/
Dr. E. Zepler
Neue Leipziger Zeitung 1935
1. Preis

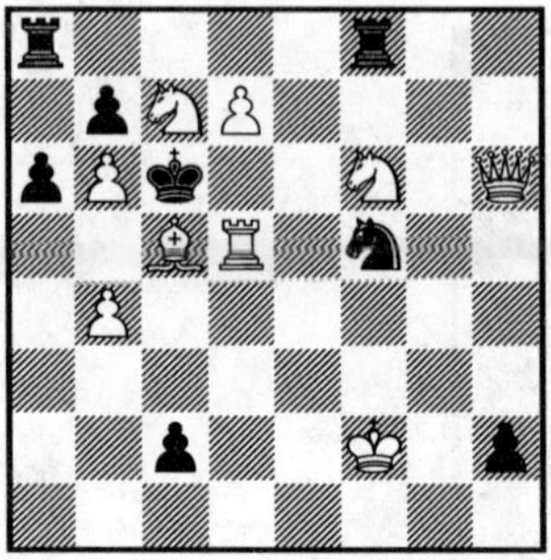

82a Matt in 3 Zügen

82a Grasemanns Stück braucht einen Vergleich mit der thematisch verwandten Nr. 82a nicht zu scheuen. Tauchen die Kreuzschachabspiele bei Kraemer/Zepler erst nach dem Aufbau weißer Batterien am Schluß auf, so durchziehen sie in Grasemanns Aufgabe, von zwei Batterien ausgehend, die gesamte Lösung: Kreuzschach total! Beide Stücke gehören zu Recht zum klassischen Bestand der Problemliteratur.
1. Ke1! (2. Sg4† 3. Se5‡),
1. ... c1D† 2. D: c1 h1D/Te8†
3. Lg1/Le3‡,
1. ... h1D† 2. D: h1 c1D/Te8†
3. Td1/Te5‡,
1. ... Te8† 2. S: e8† S: h6 3. Td6‡.

83 Mit 1. Dd5? (2. Ta5† 3. D: a5‡) Tha7 2. Tg8 Sf4! bzw. 2. Tg7 Ta6! ist kein Blumentopf zu gewinnen. Bei geschickterem Vorgehen sind die schwarzen Türme allerdings in arge Verlegenheit zu bringen:

1. Tg8! Ta6 lenkt den Turm kritisch, damit er nach 2. Dd5 Tha7 eingesperrt ist und mit 3. Tg6! endgültig zur Strecke gebracht werden kann: 4. T: a6† T: a6 5. Ta5† T: a5 6. D: a5‡.

Wir erinnern uns der im Mechanismus ähnlichen Nr. 65, 65a.

„Das Manöver Ta8–a6 Th7–a7 erscheint somit als eine eigenartige Einsperrungsform. Der eingesperrte Ta6 ist nicht von bestimmten Wirkungsfeldern abgeschnitten, sondern ist zug- bzw. fluchtbehindert. Ein origineller, in dieser Form bisher unbekannter T/T-Seeberger." (Preisrichter H. Klüver)

Einer Randbemerkung in Grasemanns Mappe folgend, haben wir den ursprünglich auf h6 stehenden Bauern nach h4 versetzt.

Den Rückkampf Baden–Berlin im Jahre 1954 gewann wiederum Berlin überlegen mit 29:9 Punkten, wobei B. Sommer mit 1. Preisen in den Zwei- und Dreizügerabteilungen wesentlich zum Erfolg beitrug.

Eine Fortsetzung des Wettstreits fand in den Folgejahren nicht mehr statt, so daß der als Wanderpreis gedachte Silberpokal endgültig in Berlin verblieb. Als Zeichen des grandiosen Erfolges Grasemanns ist er seither im Familienbesitz.

1. Wettkampf Baden-Berlin 1953
(V.)
1. Preis

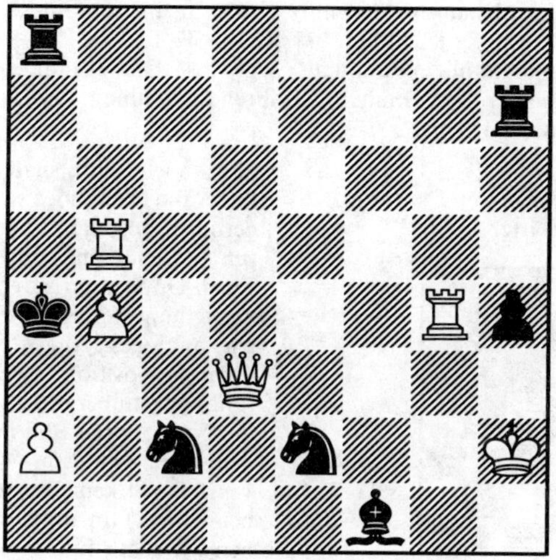

83 Matt in 6 Zügen

84 Begibt sich Schwarz in den Verführungsspielen in scheinbar vorübergehende Selbstfesselungen, die bei Ausführung der Drohung wieder aufgehoben würden, kann Weiß diese bei Änderung seines Angriffsplans als endgültige Fesselungen nutzen.

1. Db4? (2. De1‡) D: d4? 2. Ld5‡, 1. … L: d4? 2. Te5‡, aber 1. … Db5!, 1. Dg6? (2. Dg4‡) D: f5? 2. Ld5‡, 1. … T: f5? 2. Sg5‡, aber 1. … Dd6!, 1. Dh6! (2. De3/Df4‡) T: h6 2. Sg5‡, 1. … L: h6 2. Te5‡ mit teilweisen Paradenwechseln. Wieder das Nietvelt-Thema. Vergleichen Sie die Nr. 20.

85 Nach 1. Tg4(5…7)? Th4(5…7)! 2. T: f2† Kg1 hat der schwarze Turm im kühlen Schatten des gegnerischen Artgenossen auf der g-Linie gut Lachen. Der f-Turm kann ihm die Laune nicht verderben (sprich: ihn mit 3. Tf4(5…7)† 4. Tf: T‡ abkassieren)! Nach 1. Tg8! (Anti-Holzhausen-Auswahl) wird's für ihn allerdings brenzlig.
1. … Th3 … 7 2. T: f2† Kg1 3. Tf3 … 7† Kh1 4. T: T‡.

„Stand von vornherein mit Abstand als Sieger fest. Die Grundidee ist selbstverständlich nicht neu, wohl aber die besondere Art ihrer Darstellung. Die knappe Form spricht für sich." (Preisrichter H. Klüver)

mit *D. Kutzborski*
Deutsche Schachblätter 1980

85a Matt in 3 Zügen

85 a Viele Jahre später spannen die Verfasser die Grundidee weiter, allerdings mit geringer Resonanz. Hier ist dem schwarzen Verteidigungsmotiv (der schwarzen Turm-Opposition zwecks weißer Linienverstellung) als Knall-Effekt im Schlüssel ein analoges Angriffsmotiv (die weiße Turm-Opposition zwecks Linienfreihaltung) gegenübergestellt. (Denken wir uns die Nr. 85 ohne Bh7 mit Th1 auf h8 und demselben Schlüssel, was wegen
1. … T: g8! keine korrekte Aufgabe ergeben würde.) Im angeführten Dreizüger haben wir sogar fünf Auswahlprobespiele!
1. Tc … f/h7? Tc … f/h6! 2. T6: c … f/h6 K: b8 (3. T6c … f/h8‡?)
1. Tg7! (Zugzwang)
1. … Tc … f/h6 2. T6: T K: b8
3. Tc … f/h8‡, 1. … T: g7 2. Sc6 Tg8
3. Lb7‡,
1. … T: b6 2. a: b6 K: b8 3. Tg8‡.
„Wir verschmähten den längstmöglichen Schlüsselzug, um deutlich zu machen, daß hier der Brettrand keine Rolle spielt; man stelle sich den Raum beliebig nach rechts erweitert vor, an der Lösung würde sich nichts ändern."
(H. G. – Deutsche Schachblätter 12/80)
Den Preisrichter vermochte dies alles nicht zu beeindrucken! Er ließ das Stück unter Hinweis auf das Verführungsspiel des Dreizügers Clausens (Nr. 85 b) aus der Wertung.

2. Wettkampf Baden – Berlin 1954
3. Preis

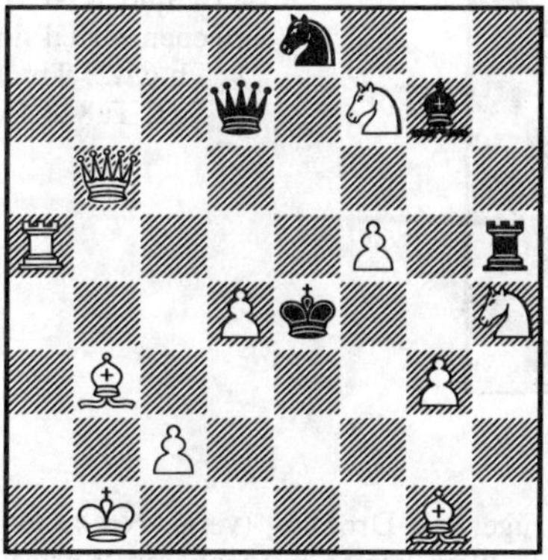

84 Matt in 2 Zügen

2. Wettkampf Baden – Berlin 1954
1. Preis

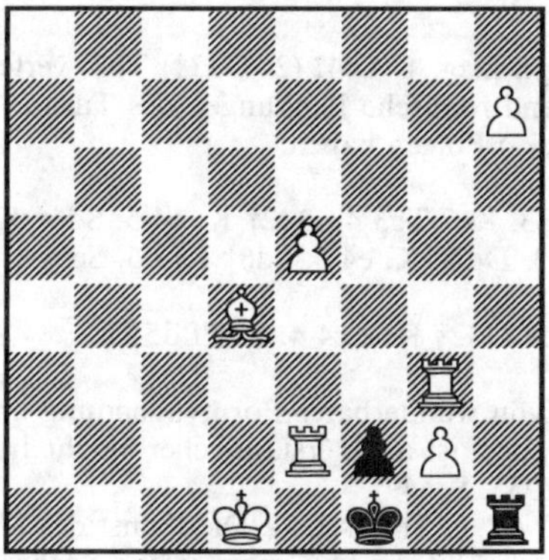

85 Matt in 4 Zügen

S. Clausen
Die Schwalbe 1939
1. Preis

85b Matt in 3 Zügen

85b Der sachkundige Leser mag die Nr. 85a und 85b vergleichen und zu einem eigenen Urteil finden.
1. Tb/c/d2? Tb/c/d8!
1. Ta2! Ta8 2. D: a8 Kf1 3. Dh1‡.

86 Ein weiterer Längstzüger mit Drohung (vergl. Nr. 49, 66). Für die Erhaltung des Satzmatts 1. ... T: g7‡ hat Weiß keinen brauchbaren Wartezug. Daher 1. Dc7! (droht bei beliebigem Gegenzug die effektvolle Rückkehr 2. Dg7! T: g7‡) 1. ... Sd7! 2. Dc2† Kf1 3. Db3 T: b3‡.

„Fehlte der Bb2, würde sich an der Lösung kein Jota ändern, nur der 3. weiße Zug wäre viel simpler begründet." (H. G. – Deutsche Schachblätter 5/74)

„Die an sich recht bescheidene Aufgabe soll zeigen, daß man im Längstzüger durchaus nicht auf den üblichen toten Stellwerk-Mechanismus angewiesen ist, sondern auch dem Schwarzen eine gewisse Selbständigkeit und eigenes Leben zugestehen kann."
(H.-G. – Schach 1954, S. 28)

87 So paradox es klingen mag, 1. Le4? (2. Dd3‡) Tb3! verteidigt ohne Hinlenkungs- oder Blockeffekte, während römische Lenkungen des Turmes in fernere Regionen der 3. Reihe schädliche (Block-) Folgen haben:

1. a4!! (2. a: b5 3. Le4!)
1. ... Tg5 2. Le4 Tg8† 3. Ke7 Tg3 4. Dd2† K: e4 5. Sd6† Kf3 6. Se5‡,
1. ... Th5 2. Le4 Th3 3. Dd2† K: e4 4. Sd6† Kf3 5. Se5† Kg3 6. Sf5‡.
Nebenvarianten:
1. ... Tf5? 2. Le4 Tf3 3. Dd2† K: e/c4 4. Sd6/Ld5‡,
1. ... Tb8† 2. S: b8!

„Ein Fernblockrömer von wunderbarer Formvollendung und Klarheit. Die niedrige Bewertung der Aufgabe allein ist noch erstaunlicher als ihr Inhalt."
(J. Breuer – Schwalbe 1955, S. 449)

„Mein bester 8. Preis!" (H. G. ironisch – Die Kunst des Mattsetzens, S. 128)

H. G. auf die Frage eines Lösers, wie man solche Sachen eigentlich baue: „Ganz einfach: Man nehme eine Idee (so man hat), verzichte einige Zeit auf seine Nachtruhe (so man das aushält), stelle die richtigen Steine auf die richtigen Felder (so man das schafft) und lasse sich hinterher in ein Sanatorium einweisen." (Schach 1954, S. 276) Wir können dies auch im Computerzeitalter als treffliche Schilderung des Komponierens aus eigener Erfahrung unterzeichnen.

Schach 1953
3. Ehrende Erwähnung

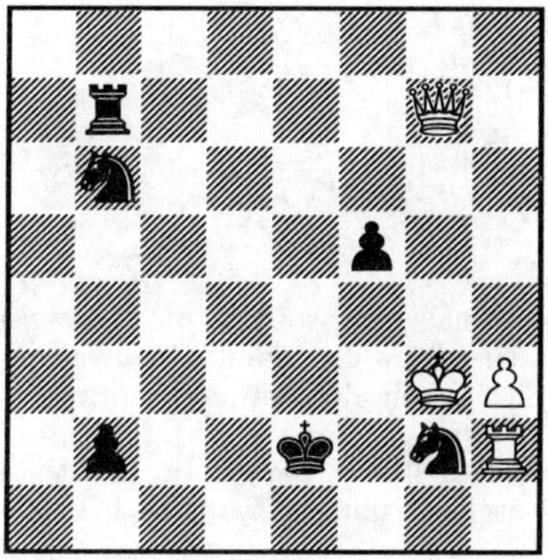

86 Selbstmatt in 3 Zügen, Längstzüger

Österreichischer Schachbund 1953/54
8. Preis

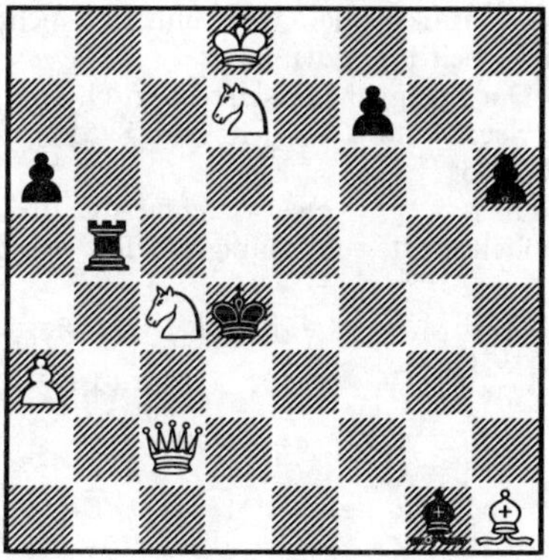

87 Matt in 6 Zügen

Dennoch

Ärger über sich selbst, wird berichtet,
hat das Haar vieler Schächer gelichtet.
Mancher patzte und patzte,
bis er gänzlich erglatzte –
und hat dennoch aufs Schach nicht verzichtet.

88 Daß eigenes Material oftmals mehr stört als nutzt, beweist die Probe: 1. Se6†? Kf7 2. Dg8† K: g8! (3. Sh6‡?). Hier frönt der Lh6 dem Müßiggang. Schleicht er mit müden Gliedern vom Platze (1. Ld2?), kann der Schwarze nur mitleidig lächeln. Also machen wir ihm Beine:

1. Dc8! (2. D: d7‡) Dd1 2. Ld2! D: d2 (weg ist er, stattdessen deckt nun die Dd2 das Mattfeld h6). Nach zwei Vorplänen nun ein Zwischenplan zur Kompensation verlorener Stellungswerte!

3. Ld5 D: d5. Jetzt klappt der Hauptplan 4. Se6† Kf7 5. Dg8† K: g8 6. Sh6‡.

89 Grasemann, der große Formkünstler! Wer fühlt sich nicht durch das Stellungsbild angesprochen, zur Lösungsarbeit hingezwungen?

1. Sec4? (2. Se3‡) Sf5!. Der Springer muß dresdnerisch ausgeschaltet werden.

1. f5! (2. De6‡) g: f5 2. Sec4! f: e4 3. Sb7† K: c4 4. Sa5‡,

2. … f4 3. Sf7† K: e4 4. Sg5‡.

Eine Besonderheit ist, daß 1. … g: f5 zwei gleichwertige dresdnerische Ersatzverteidigungen schafft, die schließlich mustermattmäßig erledigt werden.

Nebenvarianten:

1. … Te8 2. Sec4 T: e4 3. Sb7† K: c4 4. Sa5‡,

1. … Sf5 2. Df7† K: d6 3. Dd7‡.

Österreichischer Schachbund 1953/54
(V.)
11. Preis

88 Matt in 6 Zügen

Hannoversche Allgemeine Zeitung
29. 5. 1955
Den Teilnehmern am Turnier
der HAZ gewidmet

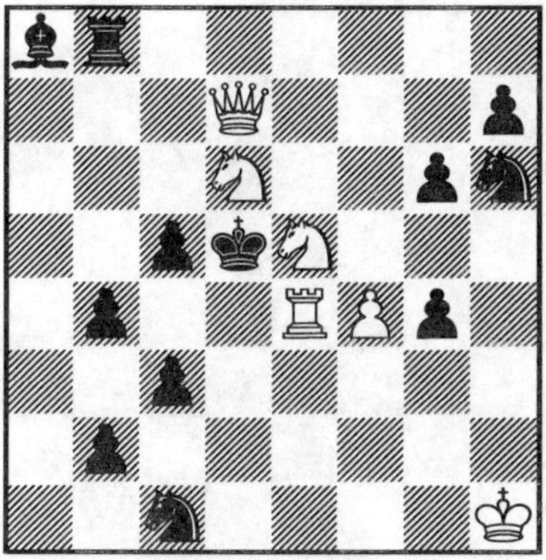

89 Matt in 4 Zügen

90 Wie die Probe 1. Ld2? e1D†! zeigt, hat der weiße König nichts im Schlachtgetümmel zu suchen. Ihn unter Pattaufhebung und Beschäftigung zur sicheren Fluchtburg auf f6 zu geleiten, ist Ziel des Vorplans.

1. Ld4! Kc1 2. Lb2† Kc2

(2. ... K: b1? 3. L: d3† Ka2 4. Ld4 Ka3 5. Lc5† K: a4 6. T: e2)

3. Lg7! Kc1 4. Lh6† Kc2 5. Kg5 Kc1 6. Kf6† Kc2 7. Ld2 e1D 8. Sa3‡.

Der Ba4 erwies sich als notwendig, das Nebenspiel nach 2. ... K: b1 auf die volle Zügezahl zu strecken. Sonst könnte Weiß durch einen beliebigen 3. Zug von der Lösung auf die angeführte Mattführung überwechseln.

H. G. störte weniger der Bauer als das langzügige, von der Hauptvariante ablenkende Nebenspiel. Da es sich um eine einzige Variante handelt, sehen wir hierin keinen diskussionswürdigen Makel.

Ein erster Preis in „einer Klasse für sich", wie J. Breuer die Mehrzügerabteilung dieses Turniers trefflich charakterisierte.

Während der Drucklegung erreichte uns von B. Fargette der Hinweis auf folgenden Dual:

2. L: d3 e1D† 3. Kf5 Lg4† 4. Kf4 Df1† 5. L: f1 Kd1 6. Sc3† Ke1 7. Tb1† Ld1
8. T: d1‡ oder ähnlich.

Möglicherweise läßt sich die Aufgabe durch Versetzen des Le3 nach f4 retten. Wir möchten uns auf diese Anregung beschränken, da eine gewissenhafte Prüfung längere Zeit beanspruchen würde.

mit *St. Schneider*
Schach 1955
1. Preis
In memoriam W. v. Holzhausen

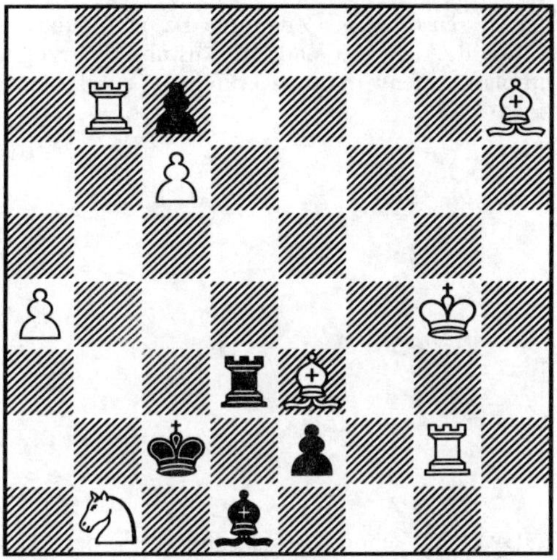

90 Matt in 8 Zügen

91 Die frei bewegliche schwarze Dame läßt nicht ahnen, daß wir indisch kombinieren müssen.

Satz: 1. ... D: h3† 2. K: h3 e6 3. Lg1 c5 4. Te3‡.

Probe: 1. Sge6? (2. Sg5‡) D: h3† 2. K: h3? patt!

1. Te3†! Kf2 2. T: e7† Kf3 3. Se6! D: h3† 4. K: h3 Ke4 5. Sd4‡.

Ein glasklarer Inder, dessen kritischer Zug unter Beschäftigungslenkung des Schwarzen zur Ausführung kommt. Auch hier sind Kritikus und Sperrzug in logisch einwandfreiem Vorplan/Hauptplan-Stufenverhältnis verknüpft. (Vergl. hierzu Nr. 51)

92 Hand auf's Herz! Wer hat schon gesehen, daß zuerst der Lf1 weggelenkt werden muß – 1. Th3! L: h3 2. Td4† Kc3 3. Td5† Kc4 –, damit nach erfolgter Umpostierung des Td8 nach d5 im Falle von 4. Lc2 (5. Tc5‡) K: d5 5. Lb3‡ der schwarze Läufer nicht mehr störend auf c4 dazwischenziehen kann?

Ein kleines Effektstück, aber durch und durch logisch angelegt, wie wir aus den Proben ersehen:

1. Td5?? 2. Lc2? bzw.

1. Td4†!? Kc3 2. Td5 Kc4 3. Lc2 K: d5 4. Lb3† Lc4!

Schach 1955
4. Preis
Th. Siers gewidmet

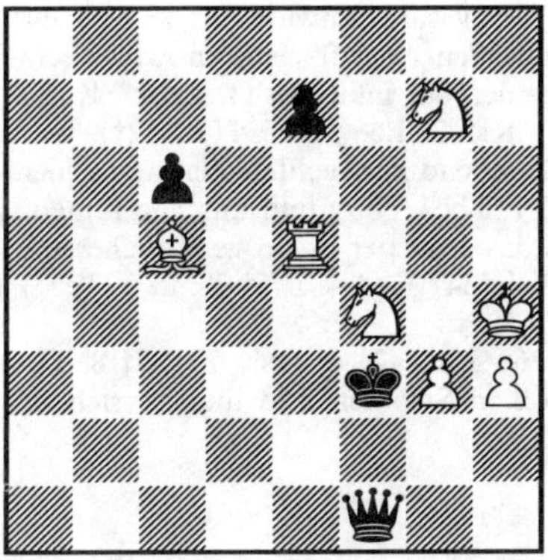

91 Matt in 5 Zügen

Berliner Morgenpost 19. 8. 1956

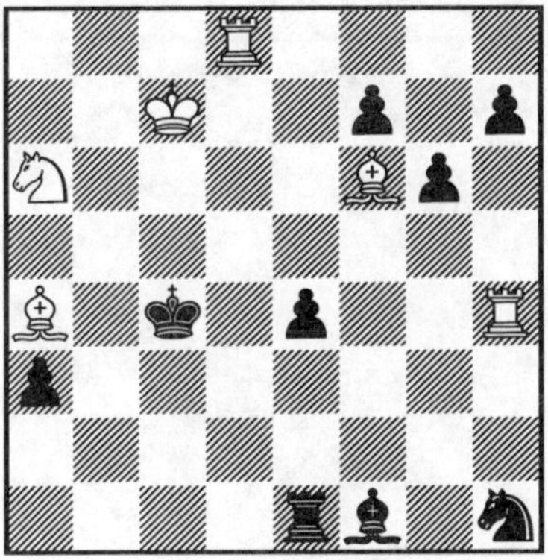

92 Matt in 5 Zügen

93 Nach 1. Tbe4? (2. T8e5‡) wäre Schwarz mit 1. ... S: e4? 2. Le6‡ schlecht beraten, aber 1. ... a1D! läßt alle weißen Angriffschancen rapide schwinden!

Fallen wir polternd mit der Tür ins Haus (1. Le6†!? Ke5 2. L: b3†), um den lästigen Ba2 abzukassieren (2. ... Kf5 3. Le6† Ke5 4. L: a2†), wecken wir einen schlafenden Hund (Tb1), der zähnefletschend zur rechten Zeit aus seinem Korb kommt (4. ... Kf5 5. Le6† Ke5 6. Lf7† Kf5 7. Tbe4 Tb8!) und uns von hinten in die Wade beißt.

Also erst besänftigend das Haustier in ein gemütlicheres Eckchen gelockt:

1. Lc4! (2. L: d3 Se4 3. L: e4† Kg4 4. Lf5† K: f5 5. Te5‡) Td1.
Jetzt ist der Weg frei!

2. Le6† 3. L: b3† 4. Le6† 5. L: a2† 6. Le6† 7. Lf7† 8. Tbe4 S: e4 9. Le6‡.

„Der Löserschweiß floß in Strömen und mengte sich mit dem des Verfassers ...“ (H. G. – Schach 1957, S. 91)

Schach 1956
1. Preis
(V.)

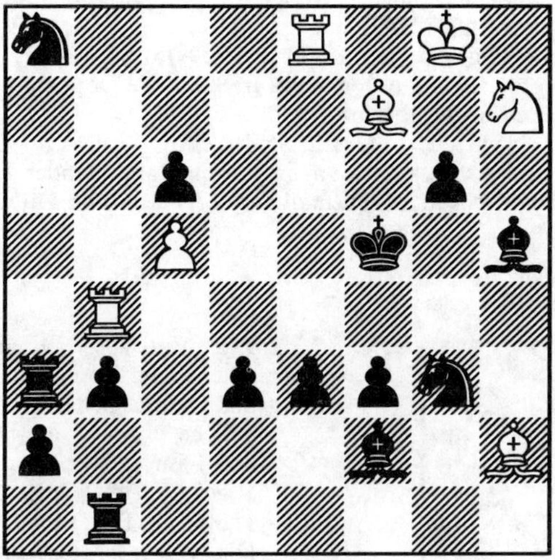

93 Matt in 9 Zügen

94 Die Holzhammermethode 1. Tg5? (2. Tg3‡) nimmt Schwarz gleich drei Zugfelder und setzt ihn patt. Also leise (indisch) durch die Hintertür

1. Lh6! g5 2. T: g5 K: e3 3. Tg3‡, 1. ... Kg2 2. Tg5† K: h1 3. Le4‡, 1. ... Kg4 2. Le2† Kh4 3. Lg3/5‡.

Ebenfalls ein logischer Inder (vergl. Nr. 51, 91). Die Probe (1. Tg5?) scheitert allein am Patt!

95 Die Proben 1. Sh2? (2. Sf3‡) bzw. 1. Sh6? (2. Sf5‡) können, weil die Dame der Deckung des Feldes b2 entledigt wird, mit 1. ... Da8! bzw. 1. ... Da5! leicht widerlegt werden.

Die vorwegigen einfachen Liniensperrungen 1. Tc6!? (2. Sh2 3. Sf3‡) bzw. 1. c5!? (2. Sh6 3. Sf5‡) sind ebenfalls lässig mit 1. ... Tb1! oder 1. ... Lg7! zu parieren.

Allein die doppelte Liniensperre (a8–f3 und a5–f5)

1. Ld5! à la Nowotny schlägt durch. Schwarz kann die Doppeldrohung (2. Sh2/Sh6!) allenfalls differenzieren, nicht aber parieren:

1. ... Lg7 2. Sh2! 3. Sf3‡, 1. ... Da1 2. Sh6! 3. Sf5‡.

Ein theoretisch interessantes Unikum in harmlos anmutender Form. Ein Voraus-Nowotny mit nur einer schwarzen Themafigur: der Turm- und Läuferkraft vereinenden Dame.

Dr. A. Kraemer
Schachspiegel 1948

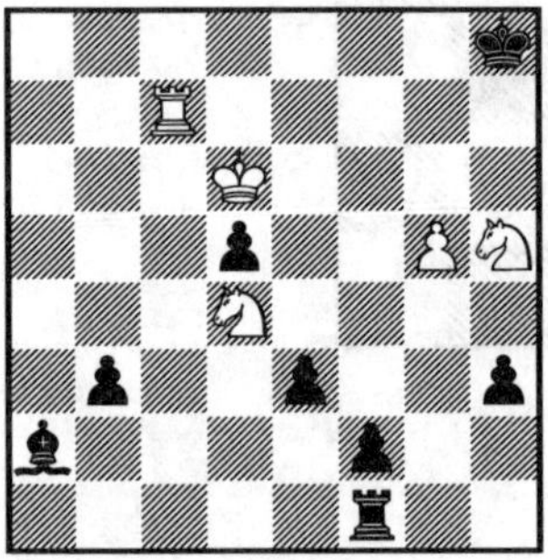

95a Matt in 3 Zügen

95a Ein Vergleich mit Kraemers hübschem Dreizüger verdeutlicht uns Thema und Unterschiede. Kraemer verwendet das übliche Themenmaterial (schwarzer Turm und Läufer).

1. g6? (2. Tc8‡) Tc1!,
1. Sf6? (2. Th7‡) Lb1!

Die Proben scheitern am Eingreifen jeweils eines schwarzen Verteidigers. Wir sehen, daß sich ihre Verteidigungslinien (c1–c8 und b1–h7) in einem Punkt (dem Schnittpunkt c2) schneiden.

Genau den besetzen wir vorsorglich im Schlüssel

1. Sc2! Jetzt kann Schwarz nur noch eine der beiden Drohvarianten (2. g6 3. Tc8‡ bzw. 2. Sf6 3. Th7‡) abwenden, die zweite muß er hinnehmen, je nachdem, ob er 1. ... Lb1 oder 1. ... Tc1 spielt. Seine Rolle beschränkt sich also auf's Differenzieren, nicht Parieren. Das sind die typischen Merkmale einer Nowotny-Verstellung, hier mit der Besonderheit, daß der Sperrzug (1. Sc2) erfolgt, ehe die schwarzen Figuren ihre Verteidigungslinien eingenommen haben (Voraus-Nowotny), sozusagen in weiser Voraussicht!

Deutsche Schachzeitung 1957
(V.)

94 Matt in 3 Zügen

Wettkampf Westfalen – Berlin 1957
5. Lob

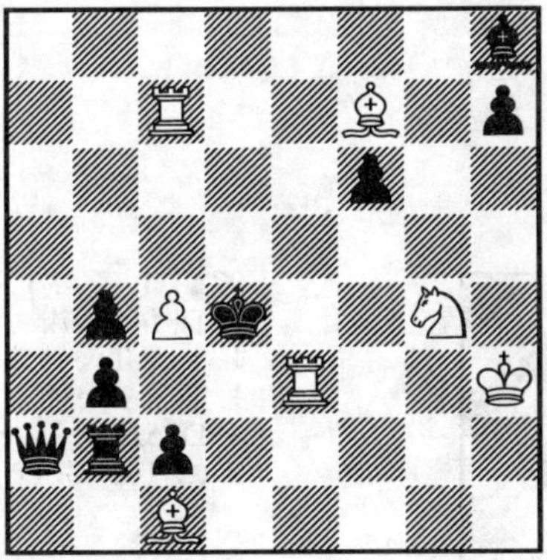

95 Matt in 3 Zügen

96 Die Proben 1. Sb: d5†? Kd3 (2. Sb4‡?) und 1. Sc: d5†? Kb5 (2. Sc3‡?) scheitern jeweils an der Fesselung der heimwehbefallenen Rösser durch den Lh1. Eine interessante Verbindung indirekter Vorausentfesselungs- und Dualvermeidungseffekte erschließt sich nach

1. Dg8! (2. Dc8†) Tc6 2. Sb: d5† Kd3 3. Sb4‡ (2. Sc: d5†? Kb5 3. Sc3† T: c3!),
1. ... f3 2. Sc: d5† Kb5 3. Sc3‡ (2. Sb: d5†? Kd3 3. Sb4† D: b4!)

„Eine einladende Stellung und eine Einladung, die hält, was sie verspricht! Das Rückkehrmotiv mit Dualvermeidung." (J. Breuer – Die Schwalbe 1960, S. 106)

97 Die Annäherung des Königs 1. K: f4? Tf8† 2. Kg3 T: f3†! hat erst dann Sinn, wenn der weiße Turm für ein Grundlinienmatt bereitsteht. Die richtige Auswahl seiner Zurechtstellung will jedoch wohl überlegt sein!
1. Ta7(c7)? Ta8(c8)! 2. K: f4 T: a7(c7) 3. Kg3 Ta3(c3) 4. D: a3(c3) Kf1!,
1. Td7? Td8 2. K: f4 T: d7 3. Kg3 Td2!,
1. Te7? Te8 2. K: f4 Tf8† 3. Kg3 T: f3† 4. K: f3 Kf1!.
1. Tb7! trägt den Tücken des Verteidigungsspiels ausreichend Rechnung:
1. ... Tb8 2. K: f4 T: b7 3. Kg3 Tb3 4. D: b3 Kf1 5. Dd1‡,
1. ... Th5† 2. Kf6 Tf5† 3. Ke6(g7)!

J. Halumbirek vertrat im Preisbericht die Ansicht, daß Holzhausen (Nr. 97 a) in nur 4 Zügen den gleichen Inhalt dargestellt habe, und stufte das Stück entsprechend niedrig ein, ohne sich Gedanken über strukturelle Verschiedenheiten zu machen. Natürlich sind beide Stücke ähnlich. Allein, in Grasemanns Aufgabe spielen sich T-Auswahl und -Duell auf der Parallelen ab. „Das Stück verhält sich zu dem Holzhausens – von den sonstigen Unterschieden abgesehen – wie die römische zur einfachen Hinlenkung oder der Herlin zum Inder."
(H. G. – Problemschach II, S. 139)

W. v. Holzhausen
Deutscher Schachbund 1927
1. Preis

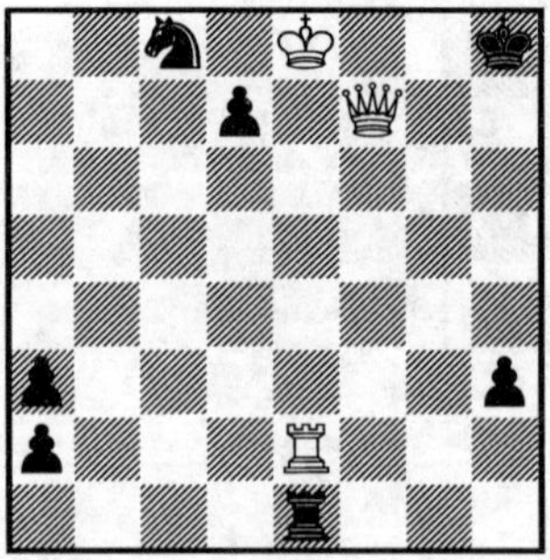

97 a Matt in 4 Zügen

97 a 1. Te4? T: e4† 2. Kf8 Tf4
3. D: f4 Kh7!,
1. Te5? T: e5† 2. Kf8 Tg5!,
1. Te3! T: e3† 2. Kf8 Tf3 3. D: f3 Kh7
4. Dh5‡,
2. ... Te8† 3. D: e8 Kh7 4. Dh5‡.

Schach 1957
1. Preis

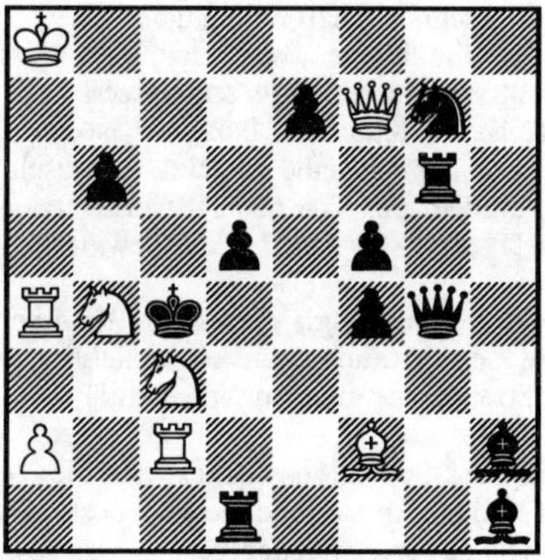

96 Matt in 3 Zügen

Deutsche Schachzeitung 1957
3. Ehrende Erwähnung

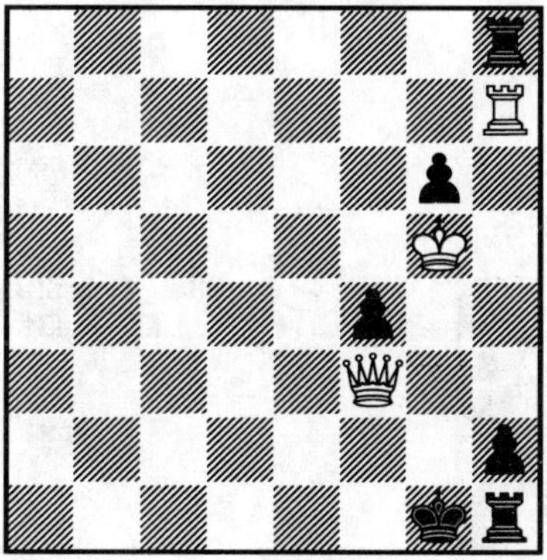

97 Matt in 5 Zügen

98 1. Tb8†? T: b8 2. a: b8D† D: b8 3. Da6† Da7! läßt uns erkennen, daß der schwarze Turm seiner Dame den Vortritt einräumen müßte; dann könnte nach der Abtauschorgie auf b8 die weiße Dame auf a6 mattsetzen. Aus lauter Höflichkeit tut er uns den Gefallen allerdings nicht, so daß die Umgruppierung der Schwerfiguren durch eine perikritische Lenkung erzwungen werden muß. Dabei trotzt der weiße König wie in vielen Aufgaben dieser großen Meister mutig gegnerischen Schachgeboten.

1. Se8! D: e8. Zuerst ist die Dame „vor" das Feld f8 zu lenken. Der Sinn des Einleitungsmanövers erhellt sich nach dem 4. schwarzen Zug.

2. Ld4! Tc2† 3. Lf2 T: f2† 4. Kh3 Tf8. Das Ziel ist erreicht. Die Reihenfolge der schwarzen Schwerfiguren auf der 8. Reihe ist jetzt vertauscht. Ohne den Schlüsselzug hätten wir lediglich den Standort des Tc8 nach f8 verlagert!

5. Tb8† D: b8 6. a: b8D† T: b8 7. Da6‡. Ein Gewaltvorwurf der beiden Problemgiganten!

Wer sich aus Freude an der Terminologie gern einen Knoten in die Zunge spricht: ein Anti-Zepler-Loyd-Turton! Schon tauchen – einschließlich Herrn „Anti" (Palatz) – ganze Komponistengenerationen vor unseren Augen auf!

„Bemerkenswerte Glättung des Sensationsstückes, das die Verfasser A. C. White zum 70. Geburtstag gewidmet haben. An sich die weitaus beste aller Bewerbungen, aber die Idee kann ja nicht nochmals gewertet werden."
(Preisrichter J. Halumbirek)

„Weil die Autoren bereits früher eine unökonomischere Fassung veröffentlicht hatten, wurde ihre Endfassung vom Richter J. Halumbirek mit der 1. Ehrenden Erwähnung bestraft. Er hat nur den „Fortschritt", die Differenz zwischen beiden honoriert. Wenn man dieses Prinzip konsequent anwenden würde –! Schließlich steht jede Schöpfung, selbst die alleroriginellste, auf den Schultern vorangegangener Generationen. Vom Himmel fällt nichts, auch nicht dem größten Genie."
(H. G. – Deutsche Schachblätter 2/80)

mit *Dr. A. Kraemer*
Deutsche Schachhefte 1950
A. C. White zum 70. Geb.

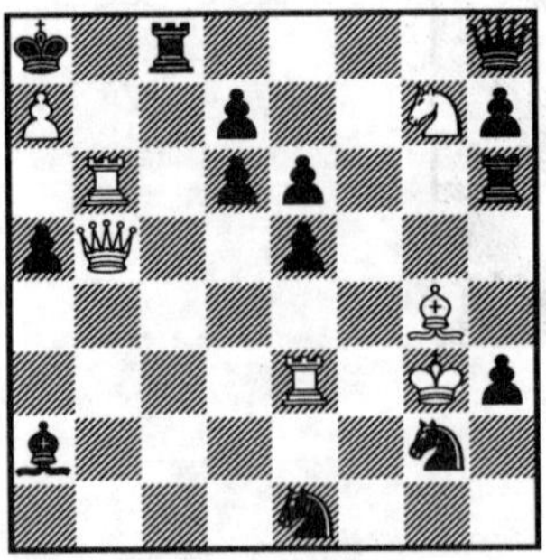

98a Matt in 7 Zügen

98a 1. Se8! D: e8 2. Tc3 T: c3† 3. Lf3† T: f3† 4. Kh2 Tf8 5. Tb8†! usw.

mit *Dr. A. Kraemer*
Deutsche Schachzeitung 1957
1. Ehrende Erwähnung

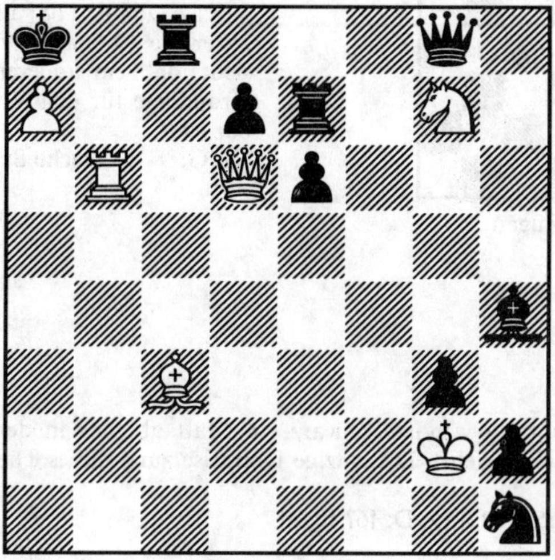

98 Matt in 7 Zügen

mit *Dr. A. Kraemer*
Schach 1950
2. Preis
Ring-Informalturnier
3. Ehrende Erwähnung

98b Matt in 6 Zügen

98 b Hier ist es die schwarze Dame, die vor den Turm gelenkt wird: ein Anti-Loyd-Turton.
1. Sd5! Dg7† 2. Sf6 D: f6†
(2. ... Dg8 3. S: g8)
3. Ka2 Dd8 4. Tb8† usw.
„Wer die Abtausch-Orgie kritisiert, übersieht, daß ein anderer Mechanismus als Grundlage für den Vorwurf kaum denkbar ist."
(H. G. – Deutsche Schachzeitung 1/51)

99 In der Verführung wendet Schwarz ein Matt ab, das in der Lösung nach der Sekundärparade wiederkehrt. Die einzige Doppelsetzung dieses Themas im Turnier!

1. Dc5? (2. Sc3/Sg5‡) Lf2! (1. D: f6? Lg4!)

1. D: g7! (2. S: f6‡)
1. ... Sg8 2. Sc3‡, 1. ... S: d5! 2. Sg5‡ und reziprok
1. ... Sb8 2. Sg5‡, 1. ... Sd4! 2. Sc3‡.

Sie sehen, daß Grasemann auch im Zweizüger Bedeutendes vollbracht hat, wenn er auch bekannte, daß ihn dieses Genre nur gelegentlich reizte. Seine eigentliche Domäne blieb stets der Mehrzüger.

Schach 1958
Thematurnier
1. Preis

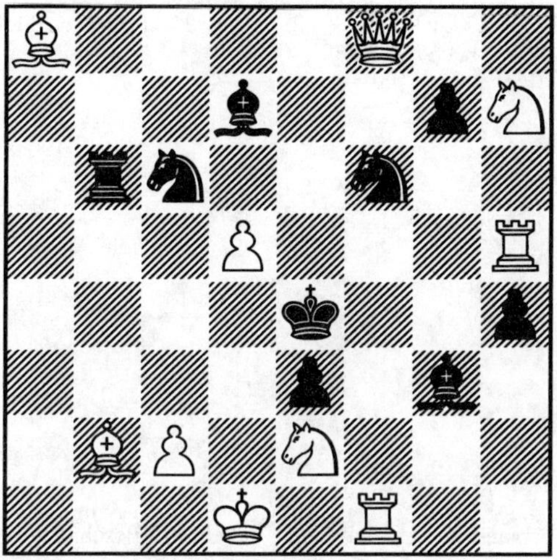

99 Matt in 2 Zügen

100 Interessante Halb-Batterie-Effekte stellen sich nach dem fluchtfeldgebenden Schlüssel ein.

1. Dh1! D: b2 2. Le4 (gegen 2. ... Db7!)

Wie die schwarze Dame nun auch eingreift, sie wird auf allen Zugfeldern des Lh4 abgefangen:

2. ... Db8† 3. Ld8‡, 2. ... Db4† 3. Le7‡, 2. ... Df6† 3. L: f6‡,
2. ... Db5 3. Lg5‡, 2. ... Dc3 3. Lg3‡, 2. ... Se1 3. Lf2‡, 2. ... Dc1 3. Le1‡.
1. ... Se3 2. Lf6!, 1. ... K: h7 2. Kf7!

101 Ein kurzer Abstecher zurück zur beliebten Beschäftigungslenkung (vergl. Nr. 5–10, 23).

„Vor 25 Jahren untersuchte ich die praktischen Möglichkeiten der Beschäftigungslenkung im Dreizüger, wobei mir das technische Mittel des Drohwechsels wirkungsvoller erschien als das des Drohzuwachses (wie ihn z. B. H. Lepuschütz in vielen berühmten Mehrzügern verwendet hat)."
(H. G. – Deutsche Schachblätter 7/76)

1. Kg1? (2. Sg2‡) g: h4!

Daher effektvoll mit der unwahrscheinlichen Springergabel-Provokation:

1. Dc2! (2. T: d1† L: d1 3. Df2‡) Se3†
2. Kg1! (3. D: c3‡) S: c2 3. Sg2‡.

Berliner Morgenpost 17. 1. 1960

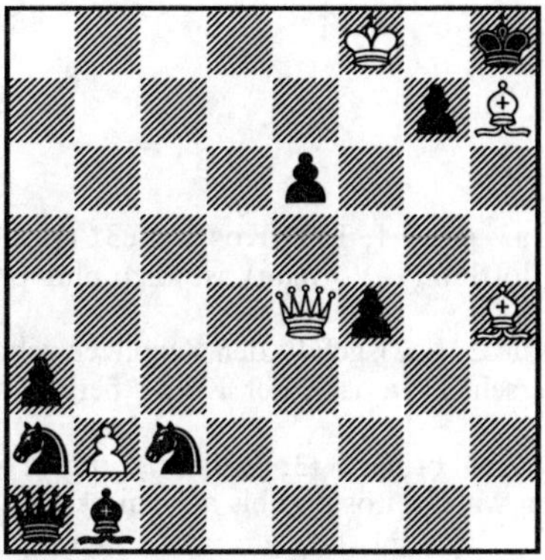

100 Matt in 3 Zügen

Berliner Morgenpost 21. 2. 1960
A. Uebeleisen zum 85. Geburtstag

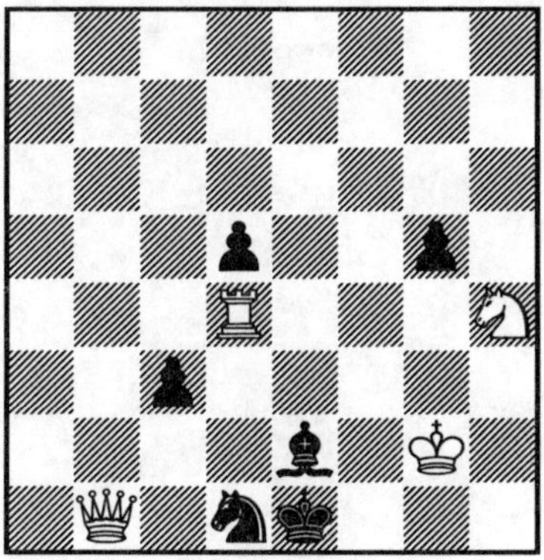

101 Matt in 3 Zügen

102 Stünde der Lb3 auf a2, ginge 1. Ta3† Kd4 2. Le3‡ (Hauptplan).
1. La2?, der direkte Weg dorthin (1. Vorplan), ist allzu plump und 1. ... g1D! vernichtend.

1. Lc4†? (2. Vorplan) Kd4 2. La2† gefällt den Kiebitzen schon besser, vorausgesetzt, sie haben 2. ... Kc5! übersehen, wonach der König beruhigt die Heimreise antreten könnte.
Also zuerst den Ta4 nach b4 bringen (3. Vorplan), um 2. ... Kc5 mit 3. Se4‡ zu beantworten. Damit haben wir die Lösung, bis auf eine kleine Finesse:

1. Tg4! (2. Lc4‡) Tc8 2. Tb4! (3. Sf4‡) Tf8 3. Lc4† Kd4 4. La2† Kd3.
Unser Vorplanziel ist eigentlich erreicht. Aber halt! Jetzt geht der Hauptplan 5. Tb3†? (verstellt den La2!) nicht mehr. Fehlt also noch ein kleines Intermezzo zur Rückgewinnung verlorener Stellungswerte (Zwischenplan)!

5. Tg4 Tc8 6. Ta4 Tf8 7. Ta3† Kd4 8. Le3‡. Natürlich mit Mustermatt.
Der Aufgabe war in der Ursprungsfassung (Th7 auf h2, ohne Bg7) der 4. Preis zugedacht, der ihr jedoch wegen eines zerstörenden Duals (2. Sf4†) wieder aberkannt werden mußte.

Turnier des Deutschen Schachverbandes 1960
– Olympiade Leipzig –
(V.)

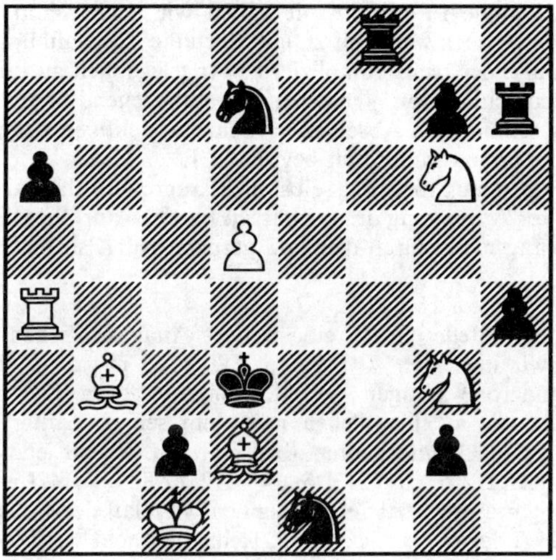

102 Matt in 8 Zügen

Zieht euch warm an

Kaum konnt' er den nächsten Absinth erwarten,
so kalt war's am Schachtisch im Wintergarten.
Beinah wären die Ohren
ihm beim „Russisch" erfroren!
Jetzt sucht er Erholung in Hinterzarten.

103 Ohne den Be2 ginge L: f2‡. Damit haben wir auch schon unser Vorplanziel erkannt, was uns freilich noch wenig nutzt, läßt doch die Zügezahl unter dem Diagramm ahnen, daß wir es mit einer recht komplizierten Angelegenheit zu tun haben!

Gehen wir also gemächlich vor. Versuchen wir, naheliegend und gar nicht feinsinnig, 1. e3??, müßten wir schmerzlich Abschied von einem wichtigen Angreifer nehmen und unsere Mattpläne für unbestimmte Zeit begraben: 1. ... T: d2!.

Wie schützen wir das gute Stück, das selbst nicht angreifen, allenfalls ehrenhaft fliehen kann? Das ist – unter Aufhebung des schwarzen Patts – nur über die Läuferdiagonale möglich, deren Zugang noch durch den Bd3 gesperrt ist. Also bahnen wir dem Turm den Weg.

1. d4! Tg2 2. d5† Tf2 3. Td4 Tg2.

Halten wir an dieser Stelle ein für eine weitere Analyse: Ziehen wir jetzt den Td4 beliebig ab, sähen wir uns nach 4. T bel. † Tf2 5. e3 mit 5. ... Ta2! 6. e4† T: a7! konfrontiert. Ein anderer wichtiger Angreifer ginge verloren. Das zeigt zugleich, daß der weiße Turm auf die a-Linie fliehen muß, um seinen Läufer vorsorglich gegen Angriffe seines schwarzen Kontrahenten abzuschirmen. Reicht jetzt vielleicht 4. Ta4†? Nein, denn nach 4. ... Tf2 5. e3 T: f3! 6. e4† Tf2 7. Td4 T: f4†! ist der weiße König lästigen Schachgeboten ausgesetzt! Jetzt erkennen wir, daß der weiße Turm nicht über das Diagonalfeld d4 (oder c5) zurück zur 2. Reihe gebracht werden kann, will er dem lästigen Schach 7. ... T: f4† durch ein naheliegendes Gegenschach (Zwischenziehen) auf der f-Linie begegnen. Da er die pattaufhebenden Felder der Läuferdiagonale benötigt, bleibt nur b6. Das heißt, seine Fluchtburg liegt auf a6. Nun, da Zielort (a6) und Umsteigebahnhof (b6) festgelegt sind, setzen wir seine Reise beruhigt fort:

4. Tb4† Tf2 5. Tb6! Tg2 6. Ta6† Tf2 7. e3 T: f3 8. e4† Tf2 und alles zurück
9. Tb6! Tg2 10. Tb2† Tf2 11. L: f2‡,
9. ... T: f4† 10. Tf6† Tf2 11. L: f2‡,
9. ... Ta2 10. Tb2† T: a7 11. Tg2‡.

„Im Herbst 1961 durfte ich in Moskau vor einem internationalen Problemistenkongreß über das Wesen der Neudeutschen Schule sprechen. Am Schluß meines Referats führte ich die Aufgabe am Schaubrett vor und dedizierte sie dem anwesenden Lew Loschinsky. Studienmeister Abram Gurwitsch zeigte sich von der Lösung hell begeistert und versicherte mir spontan scherzhaft, er würde ab sofort nur noch logische Mehrzüger bauen. Leider ist er ein Jahr darauf gestorben."
(H. G. – Deutsche Schachblätter 10/77)

Schachmaty wSSSR 1961
1. Preis
L. Loschinsky gewidmet

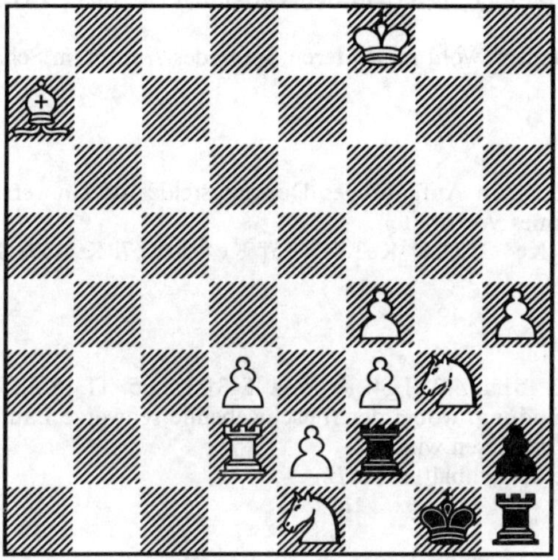

103 Matt in 11 Zügen

104 Das Spiegelbild des Komponisten: Arne Mangs. In diesem Stück kommt auch der Rätselfreund auf seine Kosten.

1. Kh4! Sa6 2. Tc6 Ka5 3. Tc5‡, 1. ... S bel. 2. Tc6 3. Sd6‡.

Der Schlüsselzug des Königs will wohl überlegt sein. Schachgebote des Springers müssen vermieden werden.

In der Ursprungsstellung fand sich noch ein wBb6. H. G. hierzu (Deutsche Schachblätter 7/68):

„Wir fragten Arne Mangs höchstpersönlich nach der Herkunft dieses Schlingels. Der Autor erinnerte sich, erst im letzten Augenblick den Turm von a8 ins freiere Gelände nach a7 gestellt zu haben, ohne gewahr zu werden, daß dann der Bb6 überflüssig wird; denn nun ist der Mattdual 3. Sa7 in der Variante 1. ... Sb3 2. Tc6 Sa5 ja ohnedies ausgeschaltet."

Lassen wir den Bauern wohl im späteren Sinne des Autors im Schachkästchen!

105 Der Bc4 muß durch Aufgabe des Deckungsfeldes d5 ein verstecktes Hineinziehungsopfer des Turmes vorbereiten.

1. c5! Ke3 2. c6† Ke4 3. Td4† Ke3 4. Td5† Ke4 5. Ke7! K: d5 6. Lf3‡.

106 1. Lh3! Ld2 2. f5† Lf4 3. Tg4! K: f5 4. Tg3† Ke4 5. Tf3 6. Lf5‡.

„Inder mit Zeitzündung, wobei der freischwebende schwarze Läufer zunächst gefesselt, dann wieder losgelassen wird."

(H. G. – Deutsche Schachblätter 10/72)

107 Würde der weiße König bereits auf f2 stehen, ginge erfolgreich 1. Le2 d: e2 2. Td8‡. Weit ist der Weg dorthin. Hätte der Lg4 wenigstens seinen Standplatz auf h5, dann würde sich der König pattvermeidend nach bekannter Art über g4–g3–f3–f2 hinunterhangeln können wie Tarzan an der Liane. Versuchen wir also 1. Le6? Kd1? 2. Lb3† Kd2 3. Lf7 Kd1 4. Lh5†!, aber 1. ... Ke2!. Daher noch weiter ausholend 1. Ld7! Kd1 2. La4† Kd2 3. Lc6 Kd1 4. Lf3† Kd2 (erst jetzt gelangt der Läufer ohne Sperrung der e-Linie über b3, f7 nach h5) 5. Ld5! Kd1 6. Lb3† Kd2 7. Lf7 Kd1 8. Lh5† Kd2 9. Kg4 Kd1 10. Kg3† Kd2 11. Kf3 Kd1 12. Kf2† Kd2 13. Le2 d: e2 14. Td8‡.

Das Stück erschien ursprünglich als Gewinnstudie.

„Der Verfasser meinte, daß sein an sich nicht allzu schwieriges Opus nur gewinnen könnte, wenn man den Löser nicht von vornherein auf die Existenz eines Mattweges hinstupsen würde. Außerdem wollte er auch mal eine Studie veröffentlichen!"

(H. G. – Deutsche Schachblätter 3/62)

Nachdem einige Experten Zweifel angemeldet hatten, ob die Mattführung tatsächlich der einzige Gewinnweg sei, brachte H. G. das Stück in späteren Nachdrucken als Mattaufgabe.

Berliner Morgenpost 1. 10. 1961

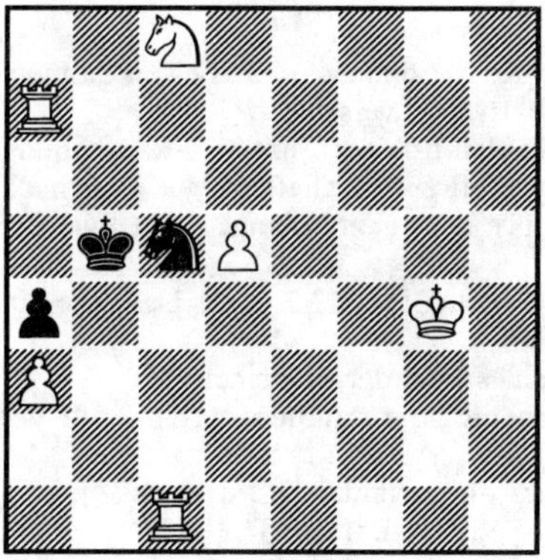

104 Matt in 3 Zügen

Schach 1961
1. Ehrende Erwähnung
Kurt Gahlke zum 70. Geburtstag

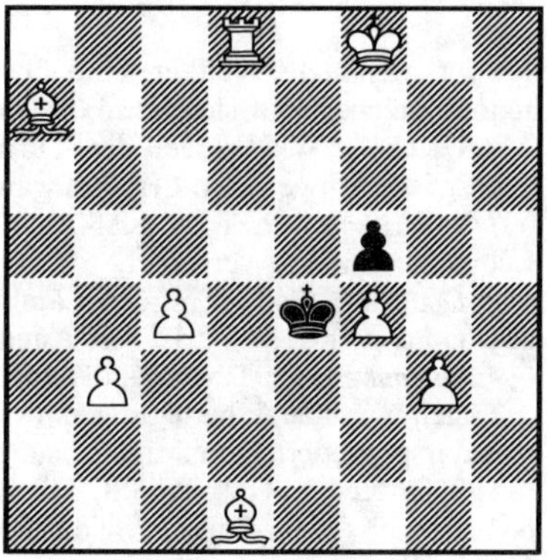

105 Matt in 6 Zügen

Berliner Morgenpost 15. 10. 1961
(V.)

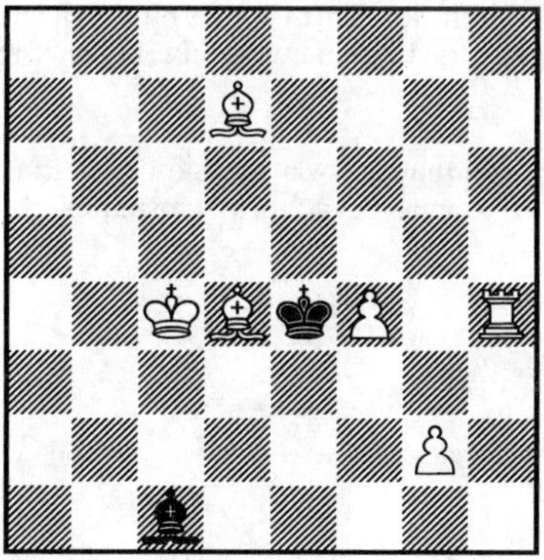

106 Matt in 6 Zügen

Berliner Morgenpost 3. 12. 1961

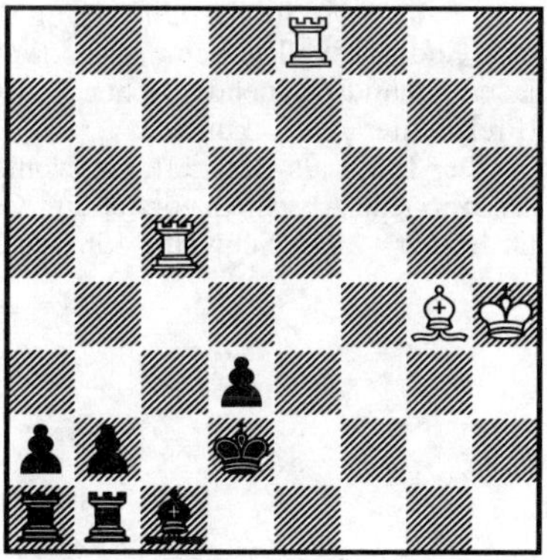

107 Matt in 14 Zügen

108 *1. Gedanke:* Weiß möchte über 1. Ke6? 2. K: d5 zum Matt 3. Lc4‡ kommen. Jedoch Schwarz hat sich bombensicher in seiner Patt-Burg verschanzt!

2. Gedanke: Wir bringen den Turm nach h3, um den g-Bauern unter Pattaufhebung nach g5 zu bringen und dem Schwarzen die nötige Luft zu verschaffen. Wie aber nach h3? 1. Td3? Kc4 2. Td1† Kb3 (3. Th1 Le1 4. Th3† Lc3) geht solange nicht, wie der Lf1 noch den Weg versperrt.

3. Gedanke: Also zuerst den Läufer umpostieren! 1. Ld3!? Le1? 2. Le2† Lc3 sähe gut aus, ginge nicht 1. ... Ld2! mit Angriff auf den Turm.

4. Gedanke: Der Turm gehört zuerst auf ein weißes Feld der 3. Reihe!

Fügen wir alle Überlegungen in richtiger Reihenfolge zusammen, ergibt sich der glasklar gegliederte prächtige Lösungsablauf:

1. Td3! Kc4 2. Td2† Kb3 3. Tf2 Le1 4. Tf3† Lc3 (4. Gedanke) 5. Ld3 Le1
6. Le2† Lc3 (3. Gedanke) 7. Td3 Kc4 8. Td1† Kb3 9. Th1 Le1 10. Th3† Lc3
11. g3 Le1
12. g4† Lc3 13. g5 h: g5 (2. Gedanke) 14. Ke6 g4 15. K: d5 g: h3 (1. Gedanke).

Der Mohr hat seine Schuldigkeit getan... (Pardon: Hier ist er ausnahmsweise einmal weiß!)

Wir sehen, überflüssiges Material soll auch am Schluß nicht das ästhetische Empfinden des Lösers stören!

16. Lc4‡.

Nennen wir nun unsere „Gedanken" im Sinne neudeutscher Terminologie „Pläne", so finden wir in diesem Stück eine ganz tolle, logisch motivierte Planfolge.

„... die perikritische Umgehung des Feldes g3 durch den Turm in Verbindung mit den eindrucksvollen Schnittpunktkombinationen ist ein besonderer Leckerbissen für jeden Freund der neudeutschen Problemschule."
(Preisrichter A. Volkmann)

„Der Inder als Beschäftigungslenkung mit zwei adäquaten Zwischenstationen. Eine sensationelle Abschiedsvorstellung Grasemanns von ‚seiner' Schachproblemspalte."
(J. Breuer – Die Schwalbe 1964, S. 500)

Deutsche Schachzeitung 1961
1. Preis
(V.)
St. Schneider gewidmet

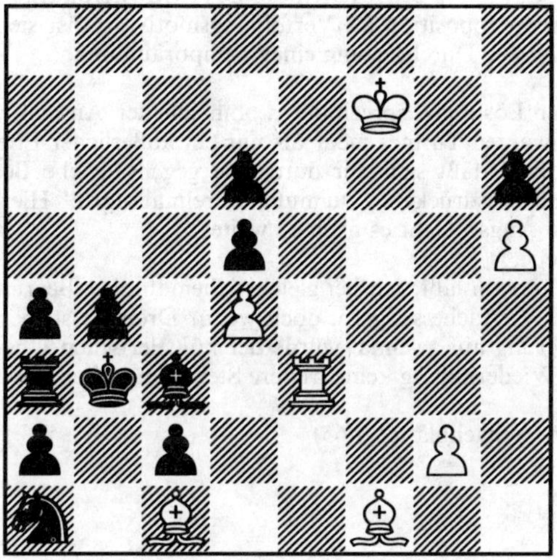

108 Matt in 16 Zügen

109 Ohne den Tf1 ginge 1. Dg1! (2. Dg5‡) K: f4 2. Df1‡.
1. Td1? (oder 1. Th1?) ist zu langsam, z. B. 1. ... e2! 2. Td5† T: d5 3. Dg1 e1D†!.

1. Tb1!! (2. T: b5† a: b5 3. De5‡) Tc5
(1. ... e2? 2. T: b5† K: f4 3. De1 e3 4. Te5 5. Dg3‡, 3. ... Ke3 4. Tb3† 5. Df2‡.)

1. ... Ta5? 2. Tb5† 3. Dg1! zeigt, daß der Tb5 nach rechts ausweichen muß, damit sein Gegenspieler die 1. Reihe nicht mit Tempovorteil – Schachgebot – verlassen kann.

2. Tc1! Td5 (Die Verfolgung geht weiter! 2. Tb5? wäre wegen 2. ... L: g7 3. D: g7 K: f4! verfehlt, denn jetzt fehlt der Turm zum Mattsetzen auf f1. Diese schwarze Fortsetzungsmöglichkeit bindet den weißen Turm an die 1. Reihe.)

3. Td1! Tb5 4. Td5† T: d5 5. Dg1 K: f4 6. Df1‡ (Mustermatt).
Die dreimalige Turm-Opposition als Verfolgungsmotiv erweist sich als raffinierte Beschäftigungslenkung zur Durchsetzung einer Temporäumung.

„Im Gegensatz zur Lösungsbesprechung ... bin ich der Ansicht, daß die dreimalige Befragung des schwarzen Turmes mehr als nur ein äußerlicher Effekt ist. Der Zwang, der über dem sT liegt, läßt sich nur durch die gegensätzliche Bewegung der beiden Akteure vollkommen ausdrücken: „Du mußt es dreimal sagen!“ Hier begleitet außerdem jeden Turmzug die Angst: Geht es nach e2 weiter?“
(Preisrichter J. Breuer)

„In diagonaler Version läßt sich bei gleicher thematischer Begründung die T-Verfolgung bestimmt ins Vierfache steigern, doch wozu? Dreimal ist hier genau das richtige Maß. Die Reduzierung auf zweimal würde der künstlerischen Überzeugungskraft entbehren, die vierte Wiederholung keine weitere Steigerung, eher eine Erschlaffung bewirken.“
(H. G. – Deutsche Schachblätter 3/65)

110 Ohne Bg5 könnten wir mit 1. Lh4 Kd4 2. Lf6† Kc4 3. d3‡ ein hübsches Mustermatt anbringen. Wie beseitigen wir das Hindernis? 1. T: g5? wäre patt! Nun, sorgen wir zunächst dafür, daß das Pendel (c4) in Gang kommt und in regelmäßigem Takt ausschwingt, dann läuft alles mit der Präzision eines Uhrwerkes ab.

1. Tf6! Kd5 2. Td6† Kc4 3. Tg6! Kd5 (3. ... h: g6? 4. h7! Kd5 5. h8D 6. Dd4‡) 4. T: g5† Kc4.

Jetzt sperrt der Tg5 die Durchfahrt für den Läufer, also alles zurück!
5. Tg6 Kd5 6. Td6† Kc4 7. Tf6 Kd5 8. Tf5† Kc4 9. Lh4 Kd4 10. Lf6† Kc4 11. d3‡.

„Geistreicher längerer Hin- und Rück-Tempolauf des Turmes, um ein neben ihm stehendes Bäuerlein zu schlagen. Der prächtigen Form sieht man die sicher großen Konstruktionsschwierigkeiten nicht an.“
(Preisrichter G. Latzel)

„Gibt es etwas Primitiveres, als einen Bauern wegzuschlagen? Gleichwohl ist dieses simple Motiv wie jedes andere durchaus geeignet, den Kern eines ausgewachsenen Problems zu bilden. Auch im Kunstschach gilt eben: Entscheidend ist, wie ich was darstelle.“
(H. G. – Schach ohne Partner II, S. 125)

Deutsche Schachzeitung 1963
1. Preis
H. Klüver gewidmet

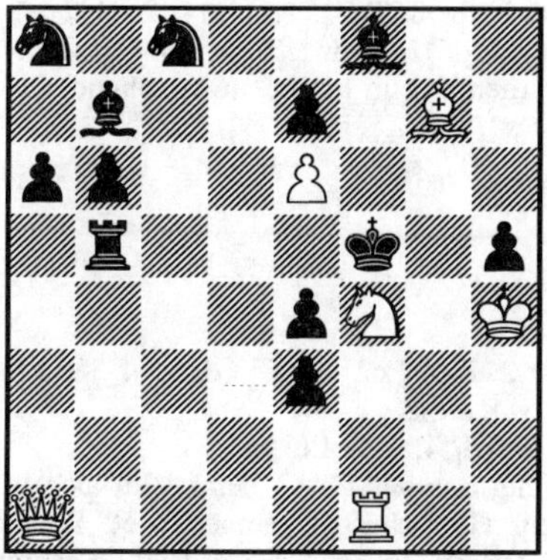

109 Matt in 6 Zügen

Deutsche Schachblätter 1963
3. Preis
A. Uebeleisen zum Gedenken

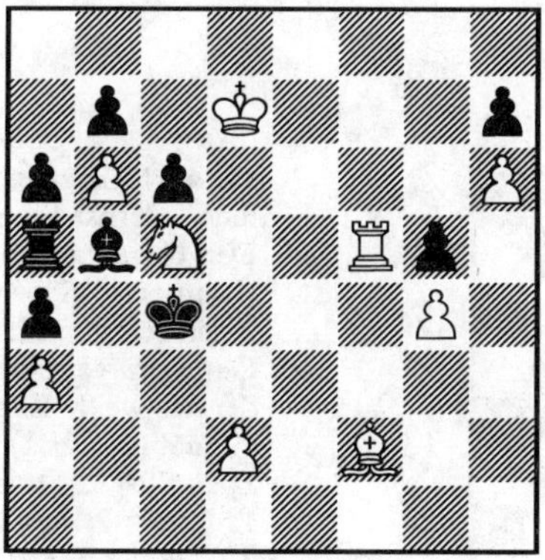

110 Matt in 11 Zügen

111 1. Kh3? (2. Dh4‡), 1. ... Dd8? 2. S: d5‡, 1. ... d4? 2. Te4‡, aber 1. ... Dc3! (2. S: d5‡?)

1. Kh5? (2. Dh4‡), 1. ... Dd8? oder 1. ... Dc3? 2. S: d5‡, aber 1. ... d4! (2. Te4‡?).

Beide Verführungen scheitern, weil sich der König jeweils auf eine andere Fesselungslinie begeben hat.

1. Dd6!? (2. Te6‡), 1. ... Dd8? 2. Te7‡, 1. ... d4? 2. D: d4‡, aber 1. ... Tf5!

1. c: d5! (2. Te4‡), 1. ... D: d5 2. S: d5‡, 1. ... Db4 2. D: b4‡.

Verzwickte Verführungsthematik in klarer, ansprechender Form!

112 1. Ke5! (2. Le7‡) f6† 2. Ke4 Lc2† 3. Ke3 d1S† 4. Kd2 b/f1S† 5. Kc/e1!,
3. ... f1S† 4. Kf2 d/h1S† 5. Ke/g1!,
3. ... Ta3† 4. L: a3 d/f1S† 5. Kd/f4! – 6. Le7‡.

Entrüstet kehrt der König aus der Ferne heim. Hat sich in seiner Abwesenheit ein anderer häuslich in seinem Herrschaftsitz eingerichtet! Was findet er bei Inspektion seiner Gemächer? Pferde, Pferde, nichts als Pferde: Die gegnerische Kavallerie hilflos versammelt. Recht geschieht's ihr!

mit *Dr. A. Kraemer*
Die Schwalbe 1965
6. Lob
Dr. W. Maßmann
zum 70. Geb.

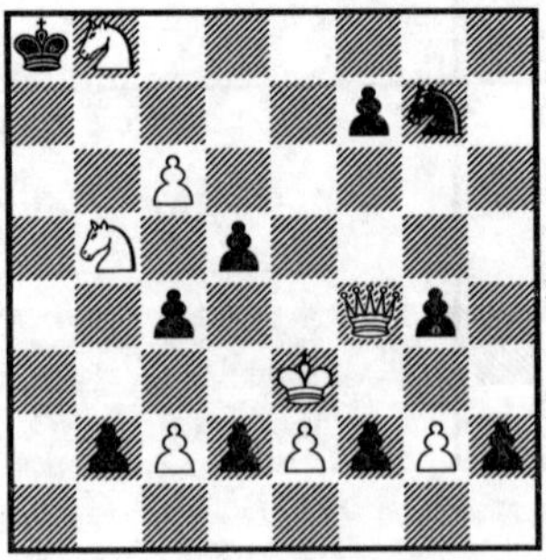

112a Matt in 4 Zügen

112 a Müssen sich Rekordaufgaben immer todernst geben?
Den Gegenbeweis liefert dieses Stück: Die Komponisten lächeln verschmitzt und mit ihnen schmunzelt die Löserschar!
Gar neun verschiedene Schlupfwinkel findet der weiße König im 3. Zug.
1. Sa6! (2. Db8‡)
1. ... Sf5† 2. D: f5 d4/d/f1S† 3. Ke/d/f4!,
1. ... d4† 2. Ke4 f5† 3. Kd5!,
1. ... d1S† 2. Kd2 c3/b/f1S†
3. Kd3/Kc/e1!,
1. ... f1S† 2. Kf2 g3/h/d1S†
3. Kf3/Kg/e1!,
4. Db8‡.
Ein Stück ganz Loydschen Humors!

Deutsche Schachblätter 1964

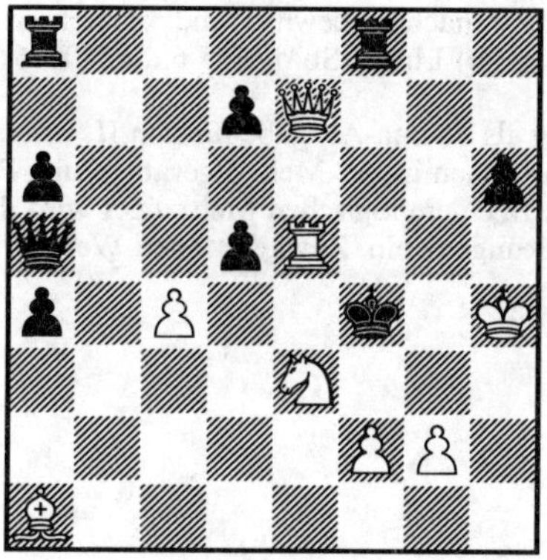

111 Matt in 2 Zügen

mit *Dr. A. Kraemer*
Deutsche Schachblätter 1965
Lob
Dr. W. Maßmann zum
70. Geburtstag

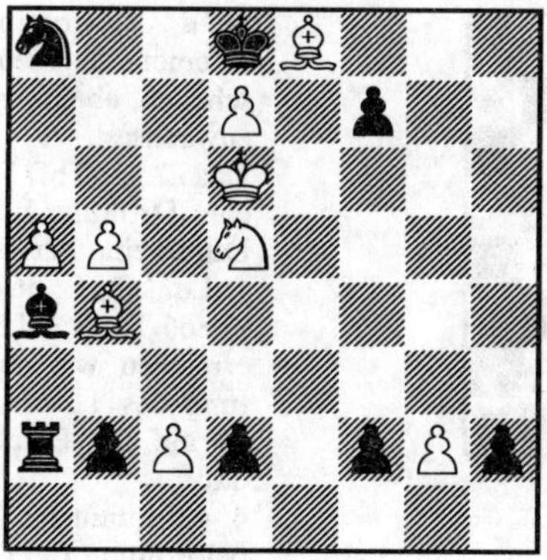

112 Matt in 6 Zügen

113 Sb4†? Kc5? 2. Sc2† Kc6 3. Sd4‡, aber 1. ... Kd6!. Versuchen wir, das Loch mit 1. e5!? zu stopfen, gehen wir im Schneckentempo vor und bringen den Kohlenhaufen im Süd-Osten in bedrohliche Bewegung: 1. ... Se2!. Daher

1. Lf8! (2. Sb4‡) Le1 2. Sc3 L: c3 3. La3 (4. Se7‡) Lf6. Jetzt haben wir eine vollständige Peri-Hinlenkung des Läufers nach f6 bewirkt und können erfolgreich mit 4. e5! (und der weiteren Drohung 5. e: f6!) Lh4 5. Sb4† Kc5 6. Sc2† Kc6 7. Sd4‡ fortsetzen.

Das Stück diente später als Thema-Aufgabe für den II. Internationalen Mannschaftskampf für Schachkompositionen in der Mehrzügerabteilung. Preisrichter war natürlich Grasemann. Das Thema: In einem logischen Mehrzüger wird durch einen oder mehrere indirekte Vorpläne (Lenkungen) ein Zuwachs oder Wechsel der Hauptplandrohung bewirkt.

E. Visserman
II. Internationaler
Mannschaftskampf
1967–1970
6. Platz

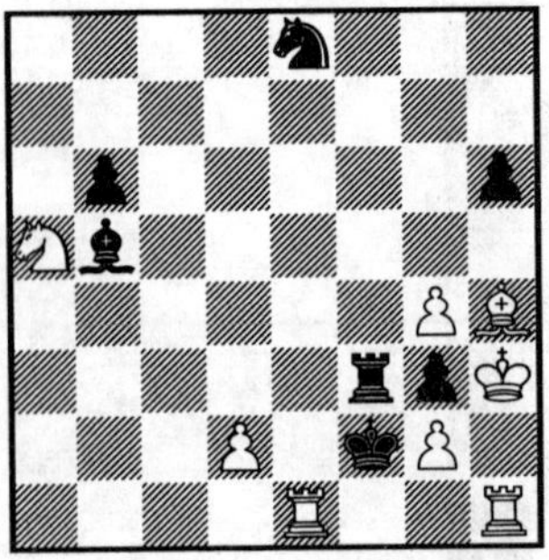

113a Matt in 5 Zügen

113a Visserman verarbeitete das Thema in einem überzeugenden Schnittpunktgeschehen, ebenfalls in der Form des Drohzuwachses.

1. d3!? (2. Thf1‡) ist natürlich mit einfacher Drohung zu harmlos. 1. ... L: d3!. Durch eine Peri-Lenkung des Turmes
1. Ld8! (2. L: b6†) Tf6
2. Sc6 T: c6 3. Lh4 (Rückkehr)
erreichen wir eine kritische Überschreitung des Turmes über den Schnittpunkt d3 auf der Parallelen (der 6. Reihe), so daß
4. d3! nunmehr die nowotnymäßige Doppeldrohung (5. Thf1/L: g3‡) aufstellt, die Schwarz zwar differenzieren, nicht aber mehr parieren kann, ob er nun mit dem Turm oder Läufer in den Schnittpunkt d3 schlägt.

mit *D. Kutzborski*
Deutsche Schachblätter 1966
4. Ehrende Erwähnung
Dr. E. Zepler zum 68. Geburtstag

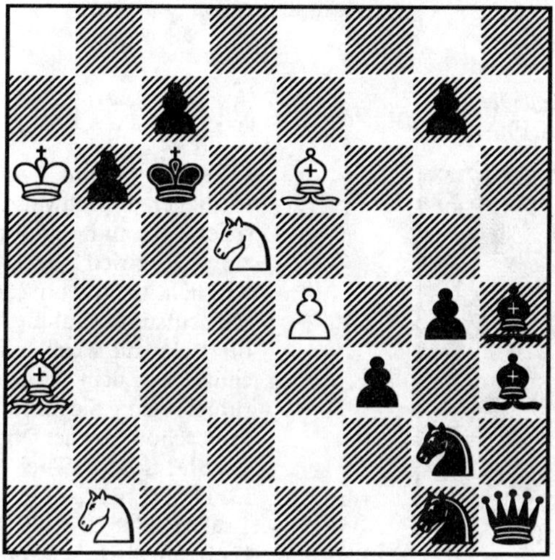

113 Matt in 7 Zügen

114 Weiß möchte gern auf der Grundlinie mattsetzen, wogegen die schwarzen Figuren erhebliche Einwände vorzubringen hätten. Lassen wir sie also verschwinden!

Das gelingt uns mit nachhaltigem Angriff auf den verwundbaren Ta3. Natürlich nicht mit kraftprotzendem Muskelspiel (1. a8D? – drohend 2. D: a3 – Sc4! 2. b: c4 Ta7! 3. D: a7? patt!), sondern mit listiger Zurückhaltung:

1. a8T! S: a8 (Tausche Filzlaus gegen Küchenschabe, frohlockte der boshafte Kammerjäger. Jedoch zu früh gefreut!) 2. b: a8T! T: a8 3. L: a8 Kg1 4. Te1‡.

1. ... Sd7 2. T: d7 Ke1 3. T: a3 4. Ta1‡ bzw. 1. ... Sd5 2. L: d5!.

mit *Dr. A. Kraemer*
Die Schwalbe 1968

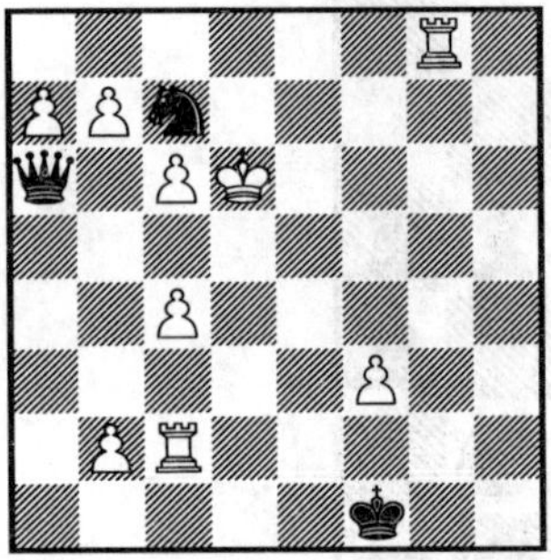

114a Matt in 4 Zügen

114a Sogar auf zwei Feldern (a7, a5) wird hier die schwarze Dame – bei falscher Verwandlung der weißen Bauern – zum „Siegfried". (Jetzt staunen Sie aber wirklich, nicht wahr? Eine komplette Geschlechtsumwandlung auf dem Schachbrett! Ja, die Problemisten schütteln halt einiges aus dem Ärmel. Wundern Sie sich ruhig! Den „Siegfried" kennen Sie übrigens schon aus der Nr. 41.)
1. a8D? Se8† 2. T: e8 Da7!
(3. D: a7? patt!),
1. a8T! S: a8 2. b: a8T! usw.
(2. b: a8D? Da5! 3. D: a5? patt!)

115 Bewundern Sie hier ganze drei konsekutive Unterverwandlungen, im Gegensatz zu den vorangegangenen Fassungen sogar auf verschiedenen Feldern!

1. c8T! La6 (1. c8D? Lc4! bzw. 1. e8T? Le2 2. T: e2 Kf1!)
2. e8T! Lf1 3. a8T!
4. T: L und 5. Tc1‡,
1. ... Le2 2. a8T! Lf1 3. e8T usw.

Kurze Zeit später gelang den Verfassern sogar die fünffache konsekutive Unterverwandlung auf verschiedenen Feldern (Deutsche Schachblätter 1969, 2. Preis). Im nachhinein entdeckten findige Löser jedoch einen unheilbaren Dual im dritten Zug des Hauptspiels, der die Aufgabe natürlich völlig zerstörte. Ein bedauerliches Schicksal eines oft zitierten Stückes. Gelegentliche, schmerzliche Erfahrung eines jeden Komponisten!

mit *Dr. A. Kraemer*
Deutsche Schachblätter 1968
1. Preis

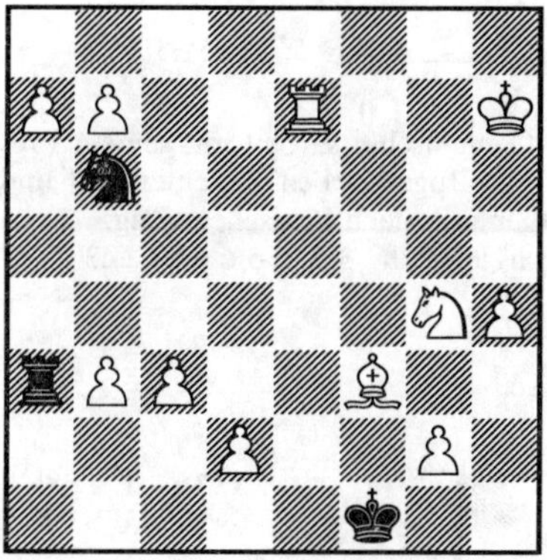

114 Matt in 4 Zügen

mit *Dr. A. Kraemer*
Deutsche Schachblätter 1968.

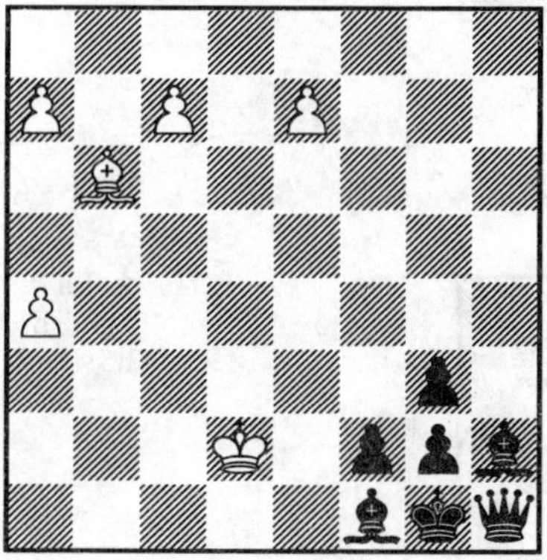

115 Matt in 5 Zügen

116 Hier verstecken die Verfasser die Peri-Hinlenkung des schwarzen Läufers zum Schlag hinter Pendel- und Rückkehrmotiven, indem sie ein markantes Drohschema (vergl. Nr. 113) durch den Schlüsselzug erst nutzbar machen.

1. La2? (2. Sf7‡) Sg5!. Daher 1. Se7! (2. Sf5‡)

1. ... S: g3 2. La2 Lh5 3. S7g6 L: g6 4. Lg8 Ld3 5. S: d3 Se4/Le3 6. Se5 L: f4 7. Sc4‡.

1. ... L: f4? 2. g: f4 Sg3 3. La2 4. Sd3 5. L: c5‡.

117 Grasemanns letzte Gemeinschaftsarbeit mit seinem Freunde Dr. Kraemer (23. 3. 1898–25. 6. 1972) greift eine Jugendarbeit Kraemers auf und zeigt eine ins Fünffache gesteigerte Schnittpunktthematik nach kritischem Zug.

1. La8! Lf2 2. L: f2 T: h7/6/:g5/h4/3 3. Tb/c/d/e8/Le3 4. T: T!

Dr. A. Kraemer
Deutsches Wochenschach
1914

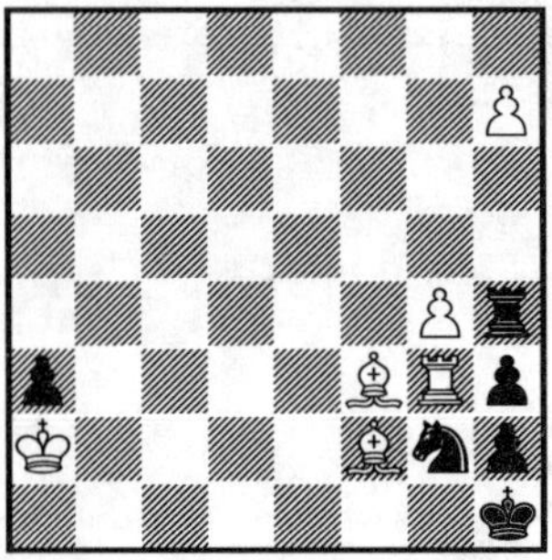

117a Matt in 4 Zügen

117a 1. La8! T: g4/h5/6/7
2. Te/d/c/b3 3. T: T!

In den Folgestücken finden sich neue Akzente: Der Abschirmmechanismus des weißen Läufers tritt in den Vordergrund.

mit *Dr. A. Kraemer*
Berliner Morgenpost
22. 12. 1968

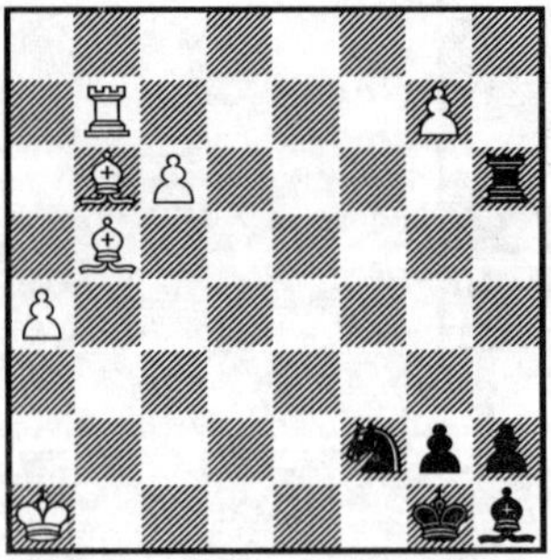

117b Matt in 4 Zügen

117b 1. La7!
1. ... T: c6/Td/e6 2. Lc4/Ld3/Le2!,
1. ... Th5/4/3 2. La6/Lc4/Ld3!

mit *Dr. A. Kraemer*
Deutsche Schachblätter 1969
1. Ehrende Erwähnung

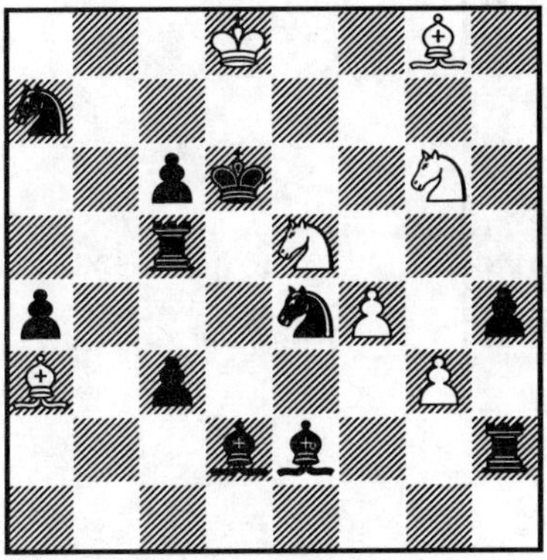

116 Matt in 7 Zügen

mit *Dr. A. Kraemer*
Deutsche Schachblätter 1969
3. Ehrende Erwähnung
Neujahrsgruß an die Freunde

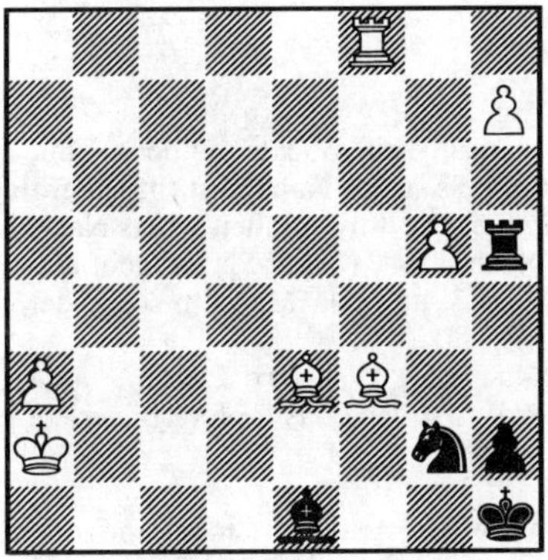

117 Matt in 5 Zügen

mit *Dr. A. Kraemer*
Deutsche Schachblätter 1968

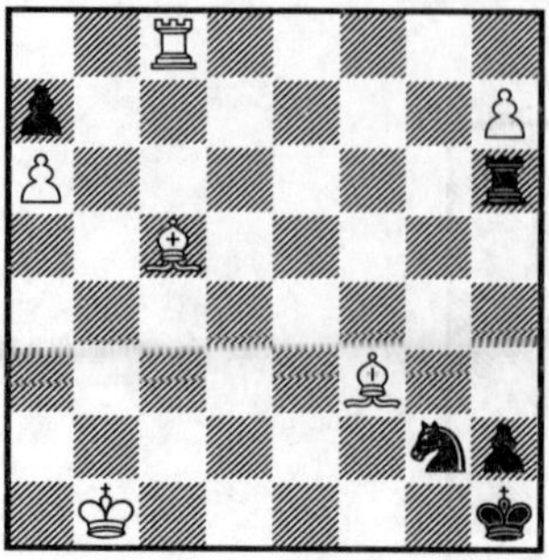

117c Matt in 4 Zügen

117c 1. La8!
1. ... Td/e/f6 2. Ld4/Le3/Lf2!,
1. ... Th4/3/7 2. Ld4/Le3/Lb6!,
1. ... Th5 2. Td8 Td5 3. T: d5!

118 Die „indische" Wiedergeburt des Komponisten nach langer Abstinenz. Hier in persona Arne Mangs.
1. Sge2? (2. Sd4‡) 1. ... S: b1? 2. Te3! und 3. Sd4‡, aber 1. ... Sc2! (2. Te3? patt).
1. Te1†! Sc2 2. Sge2 Ke4 3. Sd4‡.

119 Noch einmal Arne Mangs! Weiß möchte auf der a-Linie mattsetzen. Daran hindert ihn der eigene Bauer, der mittels seines Nachbarn (b5) allerdings die Fahrspur (pardon: Ackerfurche) wechseln könnte. Die Anwesenheit seines Nachbarn (seiner Masse) kommt ihm also höchst gelegen! Nach 1. a4!? (2. a: b5‡) b4! geht dieser aber stur und hochnäsig seiner Wege: 1. Kc5? (2. Kb4 3. a4!) b4!. Mag ihn sogar der König schlagen!

1. Kc3!

1. ... d4† 2. Kb4 3. a4 4. a: b5‡, 1. ... b4† 2. Kb3 3. a3 4. a: b4‡.

Der ländliche Meuchelmord! Erst wird das tapfere Bäuerlein gelähmt, dann vom bösen Nachbarn abgestochen.

„Arne Mangs ist noch ein blutiger Anfänger. Jeder andere hätte den überflüssigen Bd5 weggelassen." (H. G. – Deutsche Schachblätter 5/80)
Einmal wieder nimmt Grasemann sich über sein Pseudonym selbst auf die Schippe. Hoffentlich hatten damals alle Löser bemerkt, daß der Bd5 keinesfalls ein Lapsus ist!

Sicher haben Sie erkannt, daß er das Variantenspiel durch zwei homogene Schachgebote würzt! Oder? Richtiges Ökonomieverständnis bedeutet eben mehr als bloßes Steinchenzählen!

Deutsche Schachblätter 1980

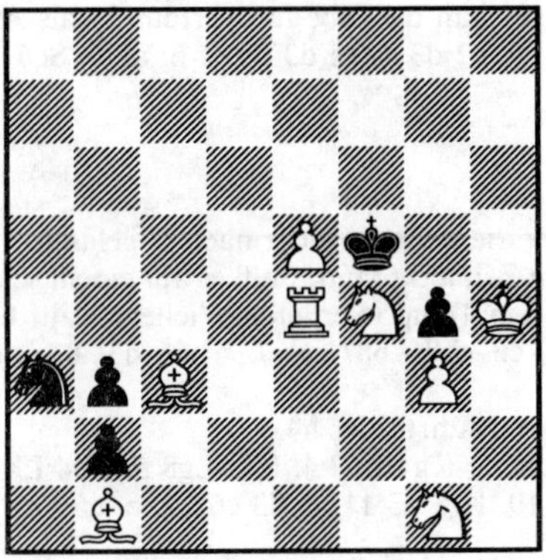

118 Matt in 3 Zügen

Deutsche Schachblätter 1980

119 Matt in 4 Zügen

120 Auf 1. b4? (2. b: a5 3. Sc6 4. Se7‡) kann Schwarz trotz seiner fünf beweglichen Steine ins Patt entschlüpfen: 1. ... c2! (der Läufer wird für das folgende Bauernopfer zunächst kritisch gelenkt) 2. L: c2 d3! 3. L: d3 Sc6! (dort steht der Gaul im sicheren Patt-Stall).

Schwarz besetzt im 3. Zuge ein Feld, damit es der Weiße nicht betreten kann. Erinnern Sie sich? In der Nr. 119 geschah dasselbe farbvertauscht als Angriffsmotiv.

1. d6! c: d6 2. b4 c2 3. L: c2 d3 4. L: d3 d5 5. b: a5 6. Sc6 7. Se7‡.

121 Der König will über die weißen Felder nach f8 gelangen, um den Lg8 zu schlagen. Damit er dort zur rechten Zeit ankommt, muß er auf einem schwarzen Feld – natürlich ohne Schach des Lb2 – ein Tempo verlieren. Vielleicht auf b8?

1. –6. Kf3–e4–d5–c6–b7–b8? c6! 7. b: c6 d3! 8. c: d3 Le5†! mit peinlichem Schach!

Der rechte Weg der Tugend führt über h4.

1. Kh3! Lh7 2. Kh4! Lg8 3. Kg4 Lh7 4. Kf3 Lg8 5. Ke4 Lh7 6. Kd5 Lg8 7. Kc6 Lh7 8. Kd7 Lg8 9. Ke8 Lh7 10. Kf8 d3 11. c: d3 c6 12. b: c6 Lg8 13. K: g8 14. D: c1‡.

S. Loyd
Saturday Courier 1856

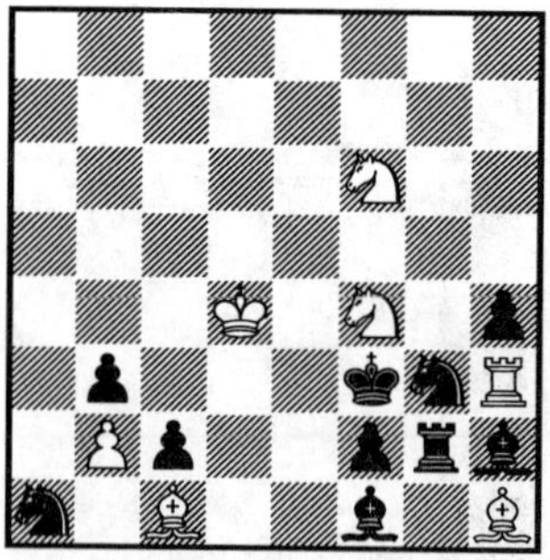

121a Matt in 14 Zügen

121 a H. G.'s Widmung spielt auf Loyds Stück an:

1. Kc5! 2. Kb6 3. Ka7 4. Ka8! 5. Kb8 6. Kc7 7. Kd6/8 8. Ke7 9. Kf8 10. Kg7 11. Kh6 12. Kg5 13. K: h4 Lg1 14. T: g3‡.

Unsterblich

Es schwärmte 'n Problemfan in Kreuth
zeitlebens von Samuel Loyd.
Für ihn allein warb er.
Vor Jahren schon starb er,
doch noch hoyt erfroyt Loyd alle Loyte in Kroyth.

Deutsche Schachblätter 1980
2. Lob
H.-Chr. Krumm gewidmet

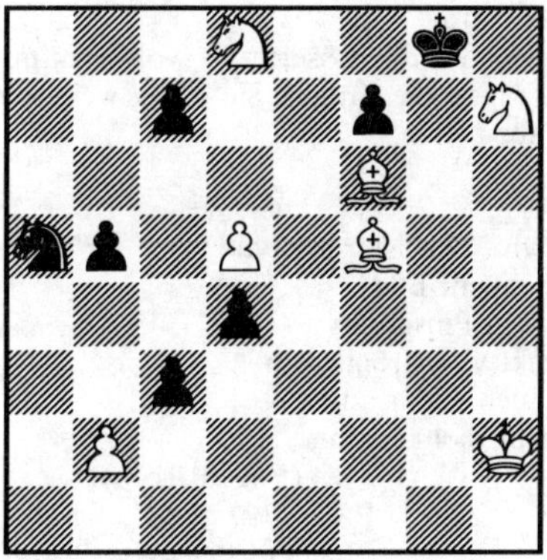

120 Matt in 7 Zügen

Deutsche Schachblätter 1980
2. Ehrende Erwähnung
Hommage à Loyd

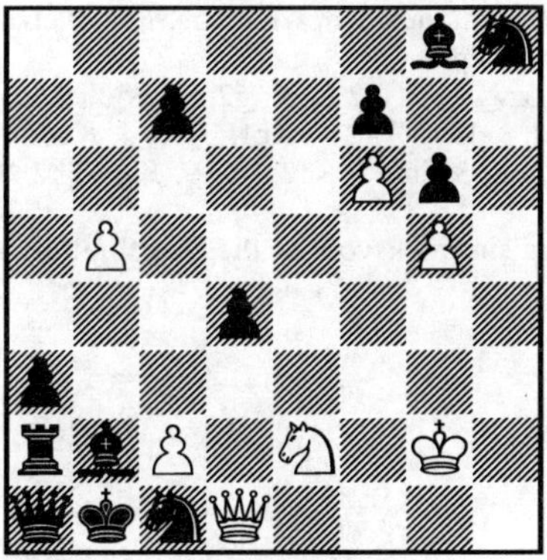

121 Matt in 14 Zügen

122 1. Lh6! (2. Sd2‡) La5 2. Tf6! (3. Lc1 Ld2 4. L: d2 a5 5. Sg5‡) Le1! (2. Tf8? Lb4!) 3. Lc1 Lh4 4. S: h4 a5 5. Lf4 e: f4 6. Te6‡.

„Die Aufgabe hinzustellen, hat kaum 10 Minuten gedauert; das ist mir vorher noch nicht passiert. Technik und Routine ersetzen eben vieles."
(H. G. – Deutsche Schachblätter 5/81)
Wer selbst komponiert, dem ist die Löserfrage wohlbekannt: „Wie lange haben Sie denn dafür gebraucht?" Fragen Sie, fragen Sie ruhig weiter! Aber hüten Sie sich, aus der Antwort Werturteile abzuleiten!

Denn ...

Ein Mensch malt, von Begeisterung wild,
Drei Jahre lang an einem Bild.
Dann legt er stolz den Pinsel hin
Und sagt: „Da steckt viel Arbeit drin."
Doch damit wars auch leider aus:
Die Arbeit kam nicht mehr heraus.

(Eugen Roth)

123 Noch ein Tempoverlustmanöver des Königs. Bis zuletzt beschäftigte sich Grasemann intensiv mit diesem Thema.
Satz: 1. ... Th2 2. K: h2 bzw. 1. ... h2 2. K: g2 mit tödlichem Zugzwang für Schwarz.
1. Kf2! Th2 2. Ke3 Th1 3. Kd2 Th2 4. Kc1! Th1 (4. Kc2? Th1 5. Kc1 Sf3!)
5. Kc2 Th2 6. Kd2 Th1 7. Ke3 Th2 8. Kf2 Th1 9. Kg3 Th2 10. K: h2,
9. ... h2 10. K: g2.
Phantastisch! Besonders eindrucksvoll ist die Begründung der richtigen Reihenfolge der 4. und 5. Züge!

Deutsche Schachblätter 1981
Lob

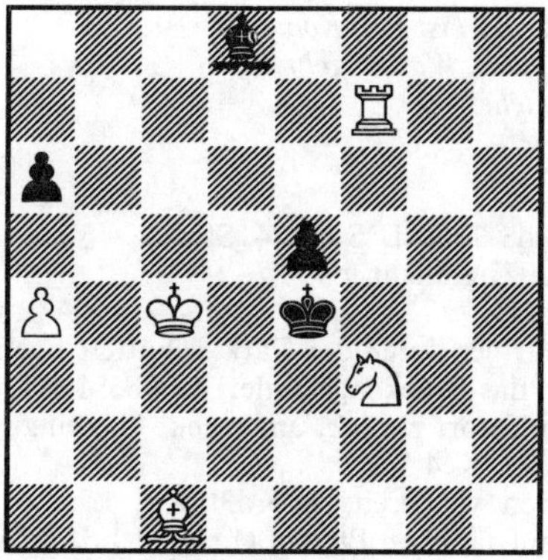

122 Matt in 6 Zügen

Deutsche Schachblätter 1981
(V.)
G. Golin zum 60. Geburtstag

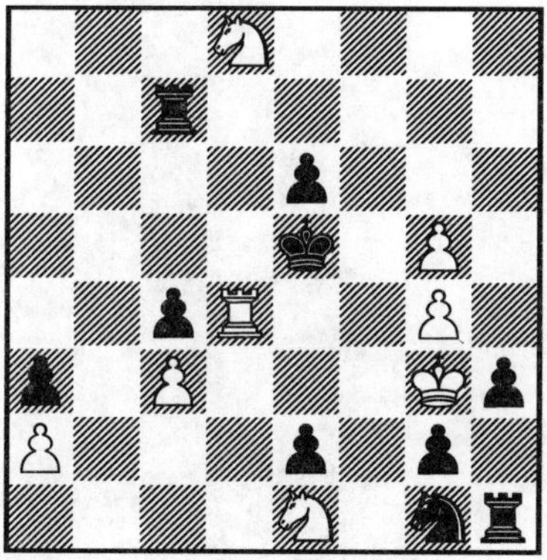

123 Matt in 11 Zügen

Sherlock Holmes und Dr. Watson

Es beliebte nach Tisch Dr. Watson
mit (hm) eignen Problem-Hits zu protzen.
Doch war alles geklaut,
kein Stück selber gebaut!
Sherlock Holmes fand: Der Kerl ist zum Komponieren wahrlich prädestiniert. Warum geht er nicht in die Schlagerbranche?

124 Satz 1. ... Ld1 2. Kd3 3. K: L S bel. 4. Sf5‡.
Wie wird Weiß die lästige Zugpflicht los?

1. Kd5! Ld1 2. Kc4 Le2†.

Nachts schleicht der Gärtner durch den Park, schüttelt einen Beobachter ab, 3. Kb4! Ld1, wirft die Waffe über das Brückengeländer, 4. Kb5! Le2†, und kehrt auf Umwegen mit Unschuldsmiene zum Tatort zurück, um erneut Unheil zu stiften.

5. Kc6 Ld1 6. Kd5 Le2 7. Ke4 Ld1.

Das Ende der Story kennen wir bereits: 8. Kd3! usw.
Wandelt der Bösewicht auf falschen Pfaden (1. Kd5! Ld1 2. Kc6?), wird er unsanft in seinen Plänen gestört (2. ... La4† 3. Kb6 Ld7!).

Deutsche Schachblätter 1981
St. Schneider zum Gedenken

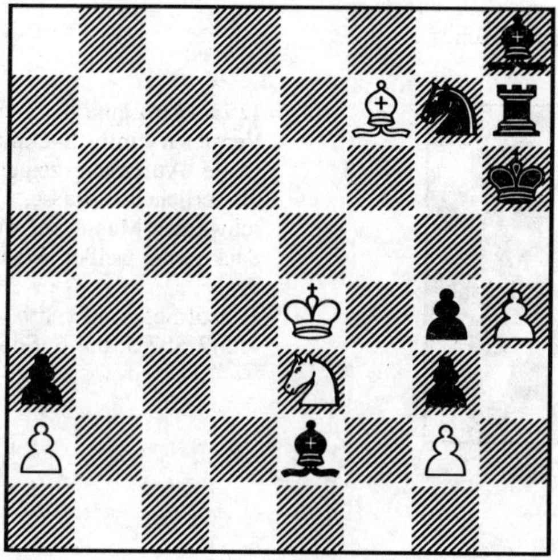

124 Matt in 10 Zügen

125 Für das Satzspiel 1. ... Lb7 2. S: b7‡ fehlt auch hier ein geeigneter Wartezug!
1. Sf7! Lb7 2. Se5 La8 3. S: g4 Lb7. Jetzt alles zurück: 4. Se5 La8 5. Sf7 Lb7 6. Sd8 La8 7. g4! Lb7 8. S: b7‡.

Grasemanns Widmung ging an die damals achtjährige Tochter seines Problemfreundes Stephan Eisert: einen Zug für jedes Lebensjahr!

F. Sackmann
Deutsches Wochenschach
1913

125a Matt in 6 Zügen

125 a Grasemann suchte bewußt den Vergleich mit Sackmanns Sechszüger. Beide Aufgaben zeigen die Beseitigung hinderlicher Masse, bei Grasemann schwarzer Masse auf direktem Wege, bei Sackmann weißer Masse auf indirektem Wege.
1. Se5! Sc5 2. Sf3 S: b3 3. Se5 Sc5 4. Sf7 Sb7 5. b3! 6. Sd6‡.

126 1. Kg5! (2. Kf4! 3. Kg3 4. Sf2!) e5! 2. Kf5! (1. Tempoverlust) Ta2 3. Kg6 Ta3 4. Kg7 Ta2 5. Kf8 e6 (5. ... Ta3? 6. K: e7!) 6. Kf7! (2. Tempoverlust) Ta3 7. Ke7 Ta2 8. Kd6 Ta3 9. Kc5 Ta2 10. Kb4 Ta2 11. K: a3 (geschafft!) 12. Sf3‡.
(Die Ursprungsfassung erschien als 11‡ ohne den sBe7. Lösung: 1. Kg5! (2. Kf4! 3. Kg3!) e5! 2. Kf5! – das erforderliche Tempo für den 10. Zug – Ta2 3. Kg6 Ta3 4. Kg7 Ta2 5. Kf8 Ta3 6. Ke7 Ta2 7. Kd6 Ta3 8. Kc5 Ta2 9. Kb4 Ta3 10. K: a3!)
In der Version erscheint die Königswanderung noch verschlungener im Sinne einer thematischen Vertiefung.

127 Auch hier müssen sich Seine Majestät höchstpersönlich auf den beschwerlichen Weg durch das Reich begeben, und zwar auf genau festgelegtem Wege, wie ihn das Protokoll bestimmt.
1. Kg7! Sh5† 2. Kf8 Sg3 3. Ke7 Sf5† 4. Kd8 Sd4! 5. Kc7 Se6/Sb5† 6. Kb8 Sd4 (6. Kb7? Sc3! 7. b: c3 La6†!) 7. Ka8! g3 8. Kb8 Sc6† 9. Kc7 Sd4 10. Kb6 11. Se2‡.

Deutsche Schachblätter 1982
Frl. Johanna Eisert gewidmet

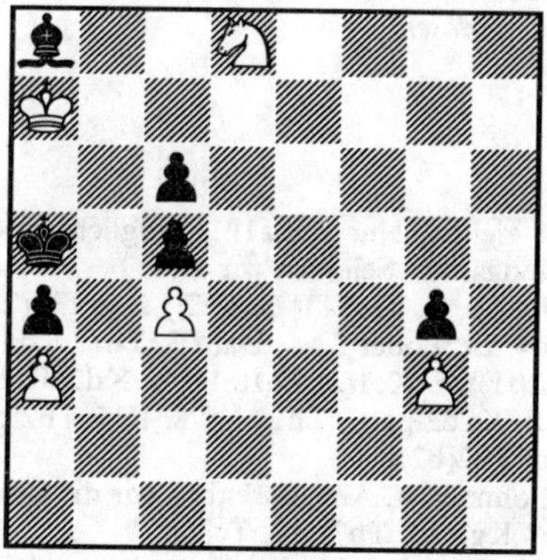

125 Matt in 8 Zügen

Thèmes 64 1982
1. Lob
(Version)

126 Matt in 12 Zügen

Deutsche Schachblätter 1983
1. Preis

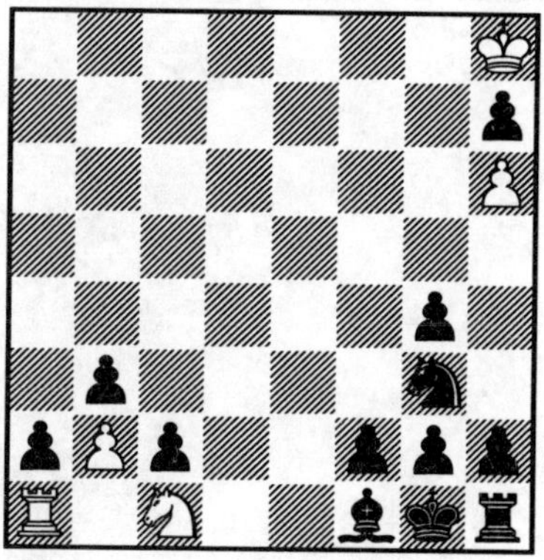

127 Matt in 11 Zügen

Mens sana

Es gehörte zur Kur in Bad Kösen,
täglich ein, zwei Probleme zu lösen.
Als mein Selbstvertraun sank,
weil mir dies nicht gelang,
zog ich's vor, in der Sonne zu dösen.

128 Wohin soll der Lh8 ziehen? Nur 1. La1!! ermöglicht einen erst 9 (!) Züge später erkennbaren Pattvermeidungswitz! Schauen wir also:

1. La1!! Sf3†! (1. ... Db8? 2. T: b8! Sf3† 3. Kf2!) 2. g: f3! (2. Kf2? Se5!) Db8! (2. ... Dg7? 3. L: g7 Tg5 4. Le5! oder 2. ... Da8? 3. Tc7† Kg6 4. Td6† Kf5 5. T: c5†!) 3. T: b8 Th1† 4. Kf2 Th2(f1)† 5. Ke1(2) Th1(e1)† 6. Kd2 Th2(d1)† 7. Kc1(2) (7. Kc3? Tc2† 8. K: c2 patt!) Th1(c1)† 8. Kb2 Th2(c2)† 9. Kb1 Th1 (c1)† 10. Ka2 Th2(b2)† (10. ... T: a1†? 11. K: a1! ohne Patt. Aha, da haben wir die Begründung des Schlüssels!) 11. Lb2! T: b2† 12. K: b2 Kg7 13. Tb7† 14. Tc8‡.

Muß der Läufer denn tatsächlich Schlachtopfer spielen oder kann er anderweitig gar die lästigen Seitenschachs des Turmes abschirmen? Kann er nicht!!

1. Lc3? Sf3† 2. g: f3 Db8 3. T: b8 Th1† 4. Kf2 Tf1†! 5. Ke2 Tf2† 6. Kd1 Tf1† 7. Le1 T: f3! 8. Tb7† Kg8! 9. Tc8† Tf8! oder 9. Tg6† Kf8 10. Th6 Tf7!.

Welch ein Schlüssel, welch eine Begründung und welch eine Form: Hochachtung vor diesem Beispiel einzigartiger Konstruktionskunst!

„Der Problemkünstler HG hat hier nochmals überzeugend bewiesen, welch reichen Schatz die Problemwelt in seinen Werken besitzt." (Preisrichter Dr. K. Wenda)

Deutsche Schachblätter 1982
1. Preis
Dr. R. Seeger zum 75. Geburtstag

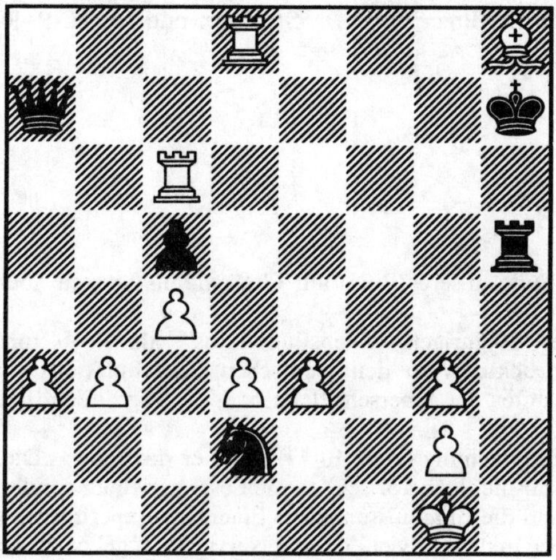

128 Matt in 14 Zügen

129 Eine gewaltige Königswanderung, kurz vor seinem Tode komponiert, schließt Grasemanns Werk.

1. Kc7! La3 2. Kb8 Lb2 3. Ka8! (ein notwendiges Tempo) La3 4. Ka7 Lb2 5. Kb6 La3 6. Kc5 (7. K: b4!) h6! 7. Kd6 Lb2 8. Ke7 La3 9. Kf8 Lb2 10. Kg7 (11. K: h6!) h5! 11. Kf8 La3 12. Ke7 Lb2 13. Kd6 La3 14. Kc5 h4! (14. ... Lb2? 15. K: b4!) 15. Kd4 Lb2 16. Ke3 La3 17. Kf4 Lb2 18. Kg5 La3! 19. K: h4 Lb2 20. Kh3 (erneuter Tempoverlust) La3 21. Kg3 Lb2 22. Kf4 La3 23. Ke3 Lb2 24. Kd4 La3 25. Kc5 d5(6†) 26. e: d6 Lb2 27. K: b4 La3† 28. K: a3 29. S: f2‡.

„Kaum zu glauben, daß nicht die geringste Abweichung vom ‚Pfad der Tugend' möglich ist. Es liegt für den Löser auch nicht auf der Hand, wie der König vorgehen muß (warum erst a8?)." (Preisrichter Dr. St. Eisert und Dr. H.-P. Rehm)

Lassen wir am Ende unserer Reise auf Grasemanns Spuren noch einmal ihn selbst zu Worte kommen.

Anläßlich seines 30jährigen „Dienstjubiläums" als Problemredakteur mehrerer Schachzeitungen druckte er in den Deutschen Schachblättern (5/77) eine Auswahl eigener Aufgaben unter der Überschrift nach: „Ich frage mich, hat das eigentlich die Mühe gelohnt?"

In der Lösungsbesprechung (Heft 10/77) führt er dazu aus: „Die in der Überschrift gestellte Frage ... war nicht (rhetorisch) an die Leser gerichtet, sondern (unrhetorisch) an mich selber. Mir sind die Ergebnisse meiner Eigenbau-Experimente nämlich keineswegs zugeflogen, sie haben mich sehr viel Zeit und Nervenkraft gekostet. Dieser Aufwand statt dessen einem materiellen Zweck untergeordnet – mindestens ein halbes Einfamilienhaus wäre dabei herausgesprungen."

Geben wir diese Zeilen am Schluß des Buches allen Lesern auf den Weg – zur Mahnung? ... zur Ermutigung? Diejenigen, die uns bis hierher gefolgt sind, werden uns beipflichten: In Caïssas schönen Gärten hat Grasemann ein Prunkschloß errichtet!

Transzendental

Vor mich hintrat der Tod in Venedig:
„Arne, du – so beschied der Herr gnädig –
sollst in lichteren Sphären
durch Versuch endlich klären:
Währt ein Ewiges Schach wirklich ewig?"

Die Schwalbe 1984
Breuer-Gedenkturnier
3. Preis

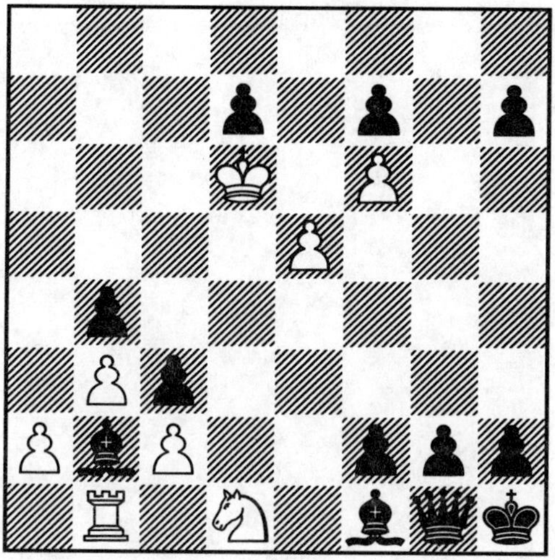

129 Matt in 29 Zügen

Verzeichnis der Schriften Herbert Grasemanns

A. Selbständige Veröffentlichungen

Problemschach. Band I. 1946–1952 (Sportverlag), Berlin 1955.

Problemschach. Band II. 1952–1957 (Sportverlag), Berlin 1959.

Problem-Juwelen. Auslese 1958–1962 (Engelhardt-Verlag), Berlin 1964.

Schach ohne Partner (= humboldt-taschenbuch 299), München 1977.

Eines Reverends Einfall, der Geschichte machte. Das neudeutsche Schachproblem. Ursprung, Grundlagen, Grundbegriffe (Selbstverlag), Berlin 1981. (Vorabdruck wesentlicher Teile in: Deutsche Schachblätter 16–21 (1977–1982) = insgesamt 31 Folgen).

Schach ohne Partner für Könner (= humboldt-taschenbuch 432), München 1982.

Arne Mangs: Die Kunst des Mattsetzens (= Goldmann-Ratgeber 10922), München 1983.

Spaß mit Schach für junge Leute (= humboldt-taschenbuch 479), München 1984.

B. Veröffentlichungen in Zeitschriften (Auswahl)

Beschäftigungslenkung im Dreizüger. In: Schach-Expreß 1 (1947), S. 246–248.

Grundbegriffe der neudeutschen Problemschule. In: Schach-Expreß 2 (1948), S. 254 f.

Ferner liefen ... Ein Blick auf die Kehrseite der Turnier-Entscheide. In: Deutsche Schachzeitung 100 (1950), S. 70–72.

Josef Breuer. In: Schach 5 (1951), S. 134 f.

Dr. Hans Lepuschütz. In: Schach 5 (1951), S. 232 f.

Zur Lehre Holzhausens. In: Deutsche Schachzeitung 100 (1951), S. 222 f., S. 246 f.

Harmonie und Schwierigkeit im Schachproblem. In: Schach 6 (1952), S. 76 f.

Das deutsche Problemschach nach 1945. In: Deutsche Schachzeitung 101 (1952), S. 141 f., S. 165 f., S. 190, S. 237 f., S. 262, S. 286.

Über die Aufgaben des Problemredakteurs. In: Deutsche Schachzeitung 102 (1953), S. 181 f.

Gerhard Latzel. In: Schach 7 (1953), S. 268 f.

Kunststudien von Meisterhand. In: Schach 7–9 (1953–1955) = insgesamt 17 Folgen.

Otto Strerath. In: Schach 8 (1954), S. 124 f.

Walther von Holzhausen zum 20. Todestag. In: Schach 9 (1955), S. 236 f., S. 252 f.

Abschreckende Beispiele. Aus den ungeschriebenen Memoiren eines Problemisten. In: Schach 9 (1955), S. 316 f.

Stefan Schneider. Klar im Denken – schlicht im Ausdruck. In: Schach 10 (1956), S. 28 f.

Weiße Schnittpunkte. In: Schach 10 (1956), S. 286 f.

Terminologisches und -unlogisches. In: Deutsche Schachzeitung 105–106 (1956–1957) = insgesamt 11 Folgen.

Das Ökonomie-Prinzip hat mehrere Erscheinungsformen. In: Schach 13 (1959), S. 301, S. 314, S. 326, S. 340 f. Ersterscheinung auf tschechisch, in: Ceskoslovensky Sach (1959).

Josef Halumbireks Problemschaffen. In: Deutsche Schachzeitung 110 (1961), S. 125–127.

Zur Situation der Neudeutschen Schule. Aus einem Vortrag von H. Grasemann, gehalten auf dem Internationalen Problemisten-Kongreß Moskau, September 1961. In: Deutsche Schachzeitung 111 (1962), S. 268–270, S. 300–302.

Zur Problematik des Maßhaltens. In: Deutsche Schachblätter 1 (1962), S. 268–271.

15 Jahre Berliner Problemrunde. In: Deutsche Schachblätter 3 (1964), S. 261 f.

Elementarbegriffe. In: Deutsche Schachblätter 8–9, 12–14 (1969–1970, 1973–1975) = insgesamt 20 Folgen.

Ökonomische Nachtwächter. In: Deutsche Schachblätter 18 (1979), S. 136–138.

Das ganze Leben ist ein Problem. In: Deutsche Schachblätter 22 (1983), S. 131 f., S. 158–160, S. 217 f.

Aufgaben- und Autorenregister

Die Ziffern bezeichnen jeweils die Diagramm-Nummern.

A. Aufgaben Grasemanns

B. Co-Autoren

C. Autoren der Bezugsaufgaben

Sach- und Themenregister